安全评价
方法及应用

章东明　主　编
周天白　昌伟伟　张　翔　副主编

清华大学出版社
北京

内 容 简 介

本书基于安全评价工作的原理和程序,结合高校学生知识、能力的实际情况进行编写,旨在培养学生成为具备良好安全素养并能够应用安全评价系统知识进行安全评价实际工作的应用型人才。全书共七章,第一章为基础知识,第二章为危险有害因素的辨识与分析,第三章为评价单元的划分与选择,第四章为安全评价方法的选择与使用,第五章为安全对策措施,第六章为安全评价结论,第七章为安全评价报告。

本书注重理论与实践的结合,按照认识安全评价→按步骤进行安全评价实践→得出安全评价结论→制定评价报告的思路完成。本书可作为高校安全工程、安全技术与管理等相关专业的专业课程教材,也可作为政府或企业进行相关职业技能培训的资料或职业资格考试的参考用书。

图书在版编目(CIP)数据

安全评价方法及应用/章东明主编. —北京:清华大学出版社,2024.4
ISBN 978-7-302-65464-3

Ⅰ. ①安… Ⅱ. ①章… Ⅲ. ①安全评价 Ⅳ. ①X913

中国国家版本馆 CIP 数据核字(2024)第 044784 号

责任编辑:张龙卿 李慧恬
封面设计:刘代书 陈昊靓
责任校对:刘 静
责任印制:刘海龙

出版发行:清华大学出版社
   网 址:https://www.tup.com.cn,https://www.wqxuetang.com
   地 址:北京清华大学学研大厦 A 座   邮 编:100084
   社 总 机:010-83470000   邮 购:010-62786544
   投稿与读者服务:010-62776969,c-service@tup.tsinghua.edu.cn
   质量反馈:010-62772015,zhiliang@tup.tsinghua.edu.cn
   课件下载:https://www.tup.com.cn,010-83470410
印 装 者:三河市少明印务有限公司
经 销:全国新华书店
开 本:185mm×260mm   印 张:8   字 数:181 千字
版 次:2024 年 4 月第 1 版   印 次:2024 年 4 月第 1 次印刷
定 价:45.00 元

产品编号:102365-01

前　言

　　我国安全评价工作的发展历史可以追溯到 20 世纪 80 年代,原中华人民共和国劳动部发布《关于生产性建设工程项目职业安全卫生监察的暂行规定》,要求建设项目进行职业安全卫生预评价,安全评价开始发展。2002 年通过实施《中华人民共和国安全生产法》,明确了安全评价在安全生产中的地位。

　　党的二十大报告指出,"提高防灾减灾救灾和重大突发公共事件处置保障能力,加强国家区域应急力量建设",彰显出新时代安全应急人才队伍建设和全民安全素养提升的重要性。2023 年 5 月首届全国安全应急人才建设高峰论坛的顺利召开,再次推动各界人士对安全应急人才培养的高度关注。安全评价作为现代安全管理的重要手段之一,体现以人为本和预防为主的安全生产理念。应用安全评价理论知识预防安全事故,以及保障从业人员的安全和健康,是应急安全人才培养的重要内容与要求。

　　本书充分考虑安全工程专业学科、行业基础知识与安全评价新技术、新成果及评价项目案例的融合与应用,按照认识安全评价、准备安全评价工作、使用安全评价方法、编写安全评价报告的基本逻辑阐述安全评价技术理论、方法与实践,培养读者系统掌握相关知识并利用各种定性、定量方法进行安全评价实践,以及参考评价结果提出安全对策措施、得出评价结论甚至撰写结构规范和完整的安全评价报告,为从事安全评价相关岗位工作或成为安全评价师奠定理论和实践基础。

　　本书主要特色有:第一,注重基础知识到实用技能的培养,提供多种定性、定量评价分析方法的同时,增加项目案例阅读材料,为开展安全评价实践工作,编制层次水平较高的安全评价报告提供有效的理论和实操学习资料。第二,增加安全评价的课程思政内容,借助安全评价系统理论和方法实施育人过程,使读者在学习知识、获得技能的同时提升个人修养。第三,提供国家安全评价相关规定文件及安全评价标准等内容,使读者掌握国家相关政策的动态。

　　编写分工如下:全书由章东明拟定大纲并进行统稿,其中第一章、第二章由章东明编写,第三章、第五章由昌伟伟编写,第四章由张翔编写,第六章、第七章由周天白编写。本书获得北京开放大学 2023 年优质课程建设项目、"安全评价方法及应用"课程教改项目以及北京市高等教育学会 2023 年立项面上课题(课题编号为 MS2023392)的资助。

　　本书在编写过程中,编者听取了不少专家、学者的宝贵意见和建议,在此对他们表示衷心的感谢! 由于编者水平有限,难免存在疏漏之处,敬请读者批评、指正,以便持续改进。

编　者

2024 年 1 月

目　　录

第一章 基础知识

学习任务

1. 准确表述安全评价的基本概念。
2. 了解安全评价的发展史。
3. 总结和表述安全评价的依据、原理、评价方法和程序。

第一节 安全评价的基本概念及发展

一、基本概念

安全评价(safety assessment)是运用安全系统工程的原理和方法,对拟建或已有工程、系统可能存在的危险性及可能产生的后果进行综合评价和预测,并根据可能导致的事故风险的大小提出相应的安全对策措施,以达到维护工程、系统安全的目的。安全评价应贯穿于工程及系统的设计、建设、运行和退役整个生命周期的各个阶段。对工程、系统进行安全评价,既是政府安全监督管理的需要,也是生产经营单位搞好安全生产工作的重要保证。

安全评价中主要涉及以下概念。

(一)安全和危险

安全是指不会发生损失或伤害的一种状态。安全的实质就是防止事故,消除导致死亡、伤害、急性职业危害及各种财产损失发生的条件。例如,在生产过程中,导致灾害性事故的原因有人的误判断或误操作和违章作业、设备缺陷、安全装置失效、防护器具故障、作业方法及作业环境不良等,这些原因涉及设计、施工、操作、维修、储存、运输及经营管理等多方面。因此,必须从系统的角度观察、分析,并采取综合的方法消除危险,才能达到安全的目的。危险是指易于受到损害或伤害的一种状态。系统危险性由系统中的危险因素决定,危险因素与危险之间具有因果关系。

(二)事故

事故是指人们在实现其目的的行动过程中,突然发生的、迫使其有目的的行动暂时或永远终止的一种意外事件。简言之,事故是指由危险因素造成人员职业病、伤害、死亡、财产损失或其他损失的意外事件。

事件包括事故事件和未遂事件。事件的发生可能造成事故,也可能并未造成任何损失。没有造成职业病、伤害、死亡、财产损失或其他损失的事件被称为"未遂事件""未遂过失"或"近事故"。

事故的发生是由于管理失误、人的不安全行为和物的不安全状态及环境因素等造成的。

（三）风险

风险是危险或危害事故发生的可能性与危险、危害事故严重程度的综合度量。衡量风险大小的指标是风险率（R），它等于事故发生的概率（P）与事故损失严重程度（S）的乘积，即

$$R = PS$$

由于概率难以取得，因此常用频率代替概率，这时上式可表示为

$$风险率 = \frac{事故次数}{时间} \times \frac{事故损失}{事故次数} = \frac{事故损失}{时间}$$

式中，时间可以是系统的运行周期，也可以是一年或几年；事故损失可以表示为死亡人数、损失工作日数或经济损失等；风险率是二者之商，表示百万工时死亡事故率、百万工时总事故率等，对于财产损失可以表示为千人经济损失率等。

（四）系统和系统安全

系统是指由若干相互联系的、为了达到一定目标而具有独立功能的要素所构成的有机整体。对生产系统而言，系统的构成包括人员、物资、设备、资金、任务指标和信息等要素。

系统安全是指在系统寿命期间内，应用安全系统工程的原理和方法，识别系统中的危险源，定性或定量表征其危险性，并采取控制措施使其危险性最小化，从而使系统在规定的性能、时间和成本范围内达到最佳的可接受安全程度。因此，在生产中为了确保系统安全，需要按安全系统工程的方法对系统进行深入分析和评价，及时发现系统中存在的或潜在的各类危险和危害，提出合理的解决方案和途径。

（五）安全系统工程

安全系统工程是以预测和预防事故为中心，以识别、分析、评价和控制系统风险为重点，所开发、研究出来的安全理论和方法体系。它将工程和系统的安全问题作为一个整体，运用科学的方法对构成系统的各个要素进行全面分析，判明各种状况下危险因素的特点及其可能导致的灾害性事故，通过定性和定量分析对系统的安全性做出预测和评价，将系统事故降至最低的可接受限度。危险识别、风险评价、风险控制是安全系统工程的基本内容，其中危险识别是风险评价和风险控制的基础。

二、产生、发展和现状

安全评价技术起源于20世纪30年代，是随着西方国家保险业的需求而发展起来的。如果保险公司为其客户承担风险，则必须收取一定的费用，而收取的费用取决于所承担风险的大小。因此，就存在一个衡量风险程度的问题。这个衡量、确定风险程度的过程实际上就是一个安全评价的过程，因此，安全评价也被称作风险评价（risk assessment）。

由于系统安全工程理论的改进和发展，安全评估技术在20世纪下半叶得到了显著发展。系统安全理论最早应用于美国军事工业。1962年4月，美国发布了《空军弹道导弹系统安全工程》，作为对与民兵式导弹计划有关的承包商提出的系统安全要求，这是系统安全

理论的首次实际应用。1969年,美国国防部批准并颁布了最具代表性的系统安全军事标准——《系统安全大纲要点》(MIL-STD-822),其中概述了涵盖系统整个生命周期的安全要求、程序和目标,以实现系统在安全方面的目标、计划和手段,包括设计、措施和评估。该标准于1977年更改为MIL-STD-822A,1984年更改为MIL-STD-822B,对世界工程安全和消防领域产生了巨大影响,并先后扩展到航空、航天、核工业、石油、化工等领域。它不断发展和完善,形成了现代系统安全工程的理论和方法体系,在当今的安全科学中发挥着非常重要的作用。

系统安全工程理论和技术的发展与应用,为事故预测与预防系统的安全评价奠定了科学基础。安全评价的实际作用也促使更多的政府和工商团体加强安全评价研究,开发自己的评价方法,对系统进行事先、事后的评价,分析和预测系统的安全性和可靠性,并努力避免不必要的损失。

1964年,美国陶氏(DOW)化学公司首次根据化工生产的特点制定了"火灾、爆炸危险指数评价法",对化工厂的安全性进行了评估。在过去的几十年中,该评价法已经过多次修订、补充和改进。它基于装置中单元重要危险物质在标准状态下的火灾、爆炸或释放出危险性潜在能量大小,并考虑过程的危险性,计算装置的火灾和爆炸指数(F&EI),确定危险等级并提出安全措施,以将风险降低到可接受的水平。1974年,英国帝国化学公司(ICI)蒙德(Mond)部将毒性概念引入并作为陶氏化学公司评价方法的一部分,制定了一些补偿系数,并提出了"蒙德火灾、爆炸、毒性指数评价法"。1974年,美国原子能委员会在没有核电站事故先例的情况下,应用系统安全工程分析方法,提出了著名的《核电站风险报告》(WASH-1400),这一点得到了后续核电站事故的证实。1976年,日本劳动省颁布了"化工厂安全评价六阶段法",确定了一种安全评价的模式,并陆续开发了匹田法等评价法。随着安全评估技术的发展,安全评估已成为现代企业管理的重点。当前,大多数工业发达国家已将安全评价作为工厂设计和选址、系统设计、工艺过程、事故预防措施及制订应急计划的重要依据。近年来,随着信息处理技术、数字化技术和事故预防技术的进步,还开发出了包括危险辨识、事故后果模型、事故频率分析、综合危险定量分析等内容的商用化安全评价计算机软件,计算机技术的广泛应用又促进了安全评价向更深层次发展。

自20世纪70年代以来,全世界发生了多次火灾、爆炸和有毒物质泄漏等震惊世界的事故。例如,1974年,英国夫利克斯保罗化工厂发生的环己烷蒸汽爆炸,造成29人死亡、109人受伤,直接经济损失达700万美元。1975年,荷兰国有矿业公司10万吨乙烯厂的碳氢化合物气体泄漏,引发蒸汽爆炸,造成14人死亡、106人受伤,大部分设备被毁。1978年,一辆装满丙烷的油轮在西班牙巴塞罗那—巴伦西亚过境点因充装过量而发生爆炸,造成150人被烧死,120多人被烧伤,100多辆汽车和14栋建筑物被烧毁。1984年,墨西哥城的液化天然气中心站发生爆炸,造成约490人死亡、4000多人受伤、900多人失踪,并彻底摧毁了供应站的所有设施。1988年,英国北海石油平台因天然气压缩间的气体大量泄漏而发生爆炸。在平台上工作的230多名员工中,只有67人幸存下来,使英国北海油田的产量减少了12%。1984年12月3日凌晨,印度博帕尔农药厂发生一起涉及甲基异氰酸酯泄漏的恶性中毒事故,2500多人死亡,20多万人中毒,这是世界上绝无仅有的大惨案。

恶性事故造成的人员严重伤亡和巨大的财产损失,促使各国政府、议会立法或颁布法令,规定工程项目、技术开发项目必须强化安全管理,降低安全风险程度。日本《劳动安全卫生法》规定,由劳动基准监督署对建设项目实行事先审查和许可证制度;美国对重要工程项目的竣工、投产都要求进行安全评价;英国政府规定,凡未进行安全评价的新建项目不准开工;欧共体于1982年颁布《关于工业活动中重大危险源的指令》,欧共体成员国陆续制定了相应的法律;国际劳工组织(ILO)也先后公布了《重大事故控制指南》(1988年)、《重大工业事故预防实用规程》(1990年)和《工作中安全使用化学品实用规程》(1992年),其中对安全评价均提出了要求。2002年《欧盟未来化学品政策战略白皮书》中,明确将危险化学品的登记及风险评价作为政府的强制性指令。

20世纪80年代初期,安全系统工程被引入我国,许多研究单位、行业管理部门及部分企业开始对安全评价方法进行研究及实际应用。为将安全评价工作纳入法制化轨道,并在实际工作中更好地发挥作用,1996年10月,原劳动部颁发了第3号令《建设项目(工程)劳动安全卫生监察规定》;1999年5月,原国家经贸委发出了《关于对建设项目(工程)劳动安全卫生预评价单位进行资格认可的通知》(国经贸安全〔1999〕500号);2002年6月,国家安全生产监督管理局(国家煤矿安全监察局)发出了《关于加强安全评价机构管理的意见》。2002年11月1日,《中华人民共和国安全生产法》(以下简称《安全生产法》)颁布实施,对于安全评价起到了极大的推动作用。随着包括《危险化学品安全管理条例》(国务院令第344号)等相关配套法规的出台,安全评价逐步深入展开。目前,安全评价从劳动安全卫生预评价扩展为安全预评价、安全验收评价、安全现状评价和专项安全评价4种类型,覆盖了工程、系统的全部生命周期,已经取得了初步成效。

实践证明,安全评价不仅能有效地提高企业和生产设备的本质安全程度,而且可以为各级安全生产监督管理部门的决策和监督检查提供有力的技术支撑。

我国已经加入了世界贸易组织,在市场经济的进程中,安全生产监督、监察与管理方式也面临着与国际接轨问题。安全评价作为现代先进安全生产管理模式内容之一,它的应用必将对安全生产工作产生深远的影响。《安全生产法》第六十二条规定:"承担安全评价、认证、检测、检验的机构应当具备国家规定的资质条件,并对其做出的安全评价、认证、检测、检验的结果负责。"原国家安全生产监督管理局也于2004年年底颁布实施了《安全评价机构管理规定》(国家安全生产监督管理局令第13号),从法律上对安全评价等安全中介服务提出了明确要求,又提供了法律保障和监督,保证了安全评价工作的健康有序发展。

2007年1月,原国家安全生产监督管理总局又对《安全评价通则》及相关的各类评价导则进行了修订,以中华人民共和国安全生产行业标准颁布。

2017年11月,《安全评价与安全检测检验机构监督管理办法》开始修订,准备发布施行。我国在《安全生产法》危险化学品安全管理条例等有关法律法规中,明确了企业依法进行安全评价的责任,对高危行业的企业提出了依法进行安全评价的要求,安全评价机构作为中介服务机构开始出现,从事安全评价的人员不断增加,安全评价逐渐发展成为一个新的领域。尽管国内外已研究开发出几十种安全评价方法和商业化的安全评价软件包,但每种评价方法都有一定的适用范围和限度。定性评价方法主要依靠经验判断,不同类型评价对象的评价结果没有可比性。美国陶氏化学公司开发的火灾爆炸危险指数评价法主要用于评价规划和运行的石油、化工企业生产、储存装置的火灾、爆炸危险性,该方法在指标选取和参数确定等方面还存在缺陷。概率风险评价方法以人机系统可靠性分析为基础,要求具备评价对象的元部件和子系统,以及人的可靠性数据库和相关的事故后果伤害模型。定量安全评价方法的完善,还需进一步研究各类事故后果模型、事故经济损失评价方法、事故对生态环境影响评价方法、人的行为安全性评价方法及不同行业可接受的风险标准等。

几十年来,我国的安全评价从无到有、从小到大,其间经历了许多曲折。在其发展过程中吸取了环境影响评价、管理体系认证等其他类似工作的很多经验和教训。原国家安全生产监督管理总局已将安全评价体系作为安全生产六大技术支撑体系之一,安全评价体系将为保障我国的安全生产工作发挥巨大的作用。

三、目的及意义

(一) 安全评价的目的

安全评价的目的是查找、分析和预测工程、系统存在的危险有害因素及可能导致的危险、危害后果和程度,提出合理可行的安全对策措施,指导危险源监控和事故预防,以达到最低事故率、最少损失和最优的安全投资效益。安全评价可以达到以下目的。

1. 提高系统本质安全化程度

通过安全评价,对工程或系统的设计、建设、运行等过程中存在的事故和事故隐患进行系统分析,针对事故和事故隐患发生的可能原因事件和条件,提出消除危险的最佳技术措施方案,特别是从设计上采取相应措施,设置多重安全屏障,实现生产过程的本质安全化,做到即使发生误操作或设备故障,系统存在的危险因素也不会导致重大事故发生。

2. 实现全过程安全控制

在系统设计前进行安全评价,可避免选用不安全的工艺流程和危险的原材料及不合适的设备、设施,避免安全设施不符合要求或存在缺陷,并提出降低或消除危险的有效方法。系统设计后进行安全评价,可查出设计中的缺陷和不足,及早采取改进和预防措施。

系统建成后进行安全评价,可了解系统的现实危险性,为进一步采取降低危险性的措施提供依据。

3. 建立系统安全的最优方案,为决策提供依据

通过安全评价,可确定系统存在的危险源及其分布部位、数目,预测系统发生事故的概率及其严重程度,进而提出应采取的安全对策措施等。决策者可以根据评价结果选择系统安全最优方案和进行管理决策。

4. 为实现安全技术、安全管理的标准化和科学化创造条件

通过对设备、设施或系统在生产过程中的安全性是否符合有关技术标准、规范相关规定的评价,对照技术标准、规范找出存在的问题和不足,实现安全技术和安全管理的标准化、科学化。

(二) 安全评价的意义

安全评价的意义在于可以有效地预防和减少事故的发生,减少财产损失和人员伤亡。安全评价与日常安全管理和安全监督监察工作不同,它是从技术方面分析、论证和评估产生损失和伤害的可能性、影响范围及严重程度,提出应采取的对策措施。安全评价的意义具体包括以下五方面。

1. 有助于确认生产经营单位是否具备安全生产条件

安全评价是安全生产管理的一个必要组成部分。"安全第一,预防为主"是我国安全生产的基本方针,作为预测、预防事故重要手段的安全评价,在贯彻安全生产方针中有着十分重要的作用,通过安全评价可确认生产经营单位是否具备了安全生产条件。

2. 有助于政府安全监督管理部门对生产经营单位的安全生产进行宏观控制

安全预评价将有效地提高工程安全设计的质量和投产后的安全可靠程度;安全验收评价根据国家有关技术标准、规范,对设备、设施和系统进行综合性评价,提高安全达标水平;安全现状评价可客观地对生产经营单位的安全水平做出评价,使生产经营单位不仅可以了解可能存在的危险性,而且可以明确如何改善安全状况,同时也为安全监督管理部门了解生产经营单位安全生产现状和实施宏观控制提供基础资料。

3. 有助于安全投资的合理选择

安全评价不仅能确认系统的危险性,还能进一步考虑危险性发展为事故的可能性及事故造成损失的严重程度,进而计算事故造成的危害,并以此说明系统危险可能造成负效益的大小,以便合理地选择控制、消除事故发生的措施,确定安全措施投资的多少,从而使安全投入和可能减少的负效益达到平衡。

4. 有助于提高生产经营单位的安全管理水平

安全评价可以使生产经营单位的安全管理变事后处理为事先预测和预防。通过安全评价,可以预先识别系统的危险性,分析生产经营单位的安全状况,全面地评价系统及各部分的危险程度和安全管理状况,促使生产经营单位达到规定的安全要求。

安全评价可以使生产经营单位的安全管理变纵向单一管理为全面系统管理,将安全管理范围扩大到生产经营单位各个部门、各个环节,使生产经营单位的安全管理实现全员、全面、全过程、全时空的系统化管理。

系统安全评价可以使生产经营单位的安全管理变经验管理为目标管理,使各个部门、全体职工明确各自的指标要求,在明确的目标下,统一步调,分头进行,从而使安全管理工作实现科学化、统一化及标准化。

5. 有助于生产经营单位提高经济效益

安全预评价可减少项目建成后由于达不到安全的要求而引起的调整和返工建设;安全验收评价可在设施开工运行阶段消除一些潜在事故隐患;安全现状评价可使生产经营单位较好地了解可能存在的危险并为安全管理提供依据。生产经营单位的安全生产水平的提高可带来经济效益的提高。

思政教学启示

本节了解了安全评价的基本概念,对安全评价技术有了初步认识。安全评价技术的产生也揭示了安全的重要性,使"安全第一"的思想深入人心,也警示同学们在日常生活中注意安全的重要性。安全评价技术的发展可追溯至 20 世纪 30 年代,我国的安全评价从无到有、从小到大,其间经历了许多曲折,从人们最初意识到安全评价这一技术的功能性和重要性,到如今相关法条不断完善,逐渐演变成一个完整的技术体系,它的发展,吸取了环境影响评价、管理体系认证等其他类似工作的很多经验和教训。正如人生,从起点走至终点也必定会经历坎坷,需要我们在这一过程中不断打磨自己,吸取经验教训,踏实走好人生的每一步。

第二节　安全评价的依据

一、法律法规体系

(一) 法律

法律的制定权属全国人民代表大会及其常务委员会。法律由国家主席签署主席令予以公布。主席令中载明了法律的制定机关、通过日期和实施日期。关于法律的公布方式,《中华人民共和国立法法》(以下简称《立法法》)明确规定法律签署公布后,应及时在《中华人民共和国全国人民代表大会常务委员会公报》和在全国范围内发行的报纸上刊登;此外还规定,《中华人民共和国全国人民代表大会常务委员会公报》上刊登的法律文本为标准文本。如《中华人民共和国劳动法》《中华人民共和国安全生产法》《中华人民共和国矿山安全法》等属法律。

(二) 行政法规

行政法规的制定权属国务院。行政法规由总理签署,以国务院令公布。国务院令中载明了行政法规的制定机关、通过日期和实施日期。关于行政法规的公布方式,《立法法》明确规定行政法规签署公布后,应及时在国务院公报和在全国范围内发行的报纸上刊登;此外还规定,国务院公报上刊登的行政法规文本为标准文本。如国务院发布的《危险化学品安全管理条例》《女职工劳动保护规定》等属行政法规。

(三) 规章

规章的制定权属国务院各部委、中国人民银行、审计署和具有行政管理职能的直属机构或省、自治区、直辖市和较大的市的人民政府。《立法法》规定,国务院公报或者部门公报和地方人民政府公报上刊登的规章文本为标准文本。如国家安全生产监督管理局发布的《非煤矿矿山企业安全生产许可证实施办法》《安全评价机构管理规定》,原劳动部发布的《建设项目(工程)劳动安全卫生监察规定》《建设项目(工程)职业安全卫生设施和技术措施验收办法》等属规章。

(四) 地方性法规

地方性法规的制定权属省、自治区、直辖市人大及其常委会或较大的市的人民代表大会及其常委会。地方性法规的发布令中一般都载明地方性法规的名称、通过机关、通过日期和生效日期等内容。《立法法》规定,《中华人民共和国全国人民代表大会常务委员会公报》上刊登的地方性法规文本为标准文本。

（五）与安全评价相关的主要法律法规

与安全评价有关的主要法律法规,如《中华人民共和国劳动法》《中华人民共和国安全生产法》《中华人民共和国矿山安全法》《安全生产许可证条例》以及国家安全生产监督管理局根据《安全生产许可证条例》的规定,分别制定的《非煤矿矿山企业安全生产许可证实施办法》《煤矿企业安全生产许可证实施办法》《危险化学品生产企业安全生产许可证实施办法》和《烟花爆竹生产企业安全生产许可证实施办法》等相关法律法规。

二、相关标准

可按照适用范围、约束性和性质等对相关标准进行分类。

按适用范围将标准分为四类:一是国家标准,由国务院标准化行政主管部门颁布,如《生产设备安全卫生设计总则》《生产过程安全卫生要求总则》等;二是行业标准,如原冶金部颁布的《冶金企业安全卫生设计规定》等;三是地方标准,如《不同行业同类工种职工个人劳动防护用品发放标准》(〔91〕鲁劳安字第 582 号);四是企业标准。

按约束性将标准分为两类:一是强制性标准,如《建筑设计防火规范》[GBJ16—1987(2001 版)]、《爆炸和火灾危险环境电力装置设计规范》(GB 50058—1992)等;二是推荐性标准,如《质量管理体系》(GB/T 19001—2000)、《职业健康安全管理体系 要求》(GB/T 28001—2011)等。

按性质将标准划分为三类,即管理标准、工作标准和方法标准。由于安全评价依据的标准众多,不同行业会涉及不同的标准,其余与评价有关的安全标准在此不再一一列出。

三、风险判别指标

风险判别指标(以下简称指标)或判别准则的目标值,是用来衡量系统风险大小及危险危害性是否可接受的尺度。无论是定性评价还是定量评价,若没有指标,评价者将无法判定系统的风险是高还是低,是否达到了可接受的程度,以及系统安全水平改善到什么程度才可以接受,定性、定量评价也就失去了意义。常用的指标有安全系数、可接受指标、安全指标(包括事故频率、财产损失率和死亡概率等)或失效概率等。

在判别指标中,特别值得说明的是风险的可接受指标。世界上没有绝对的安全,所谓安全,就是事故风险达到了合理可行并尽可能低的程度。减少风险是要付出代价的,无论减少风险发生的概率还是采取防范措施使可能造成的损失降到最低,都要投入资金、技术和劳务。通常的做法是将风险限定在一个合理的、可接受的水平上。

因此,安全评价中不是以风险性为零作为可接受的标准,而是以一个合理的、可接受的指标作为可接受标准。

思政教学启示

本节了解了安全评价的依据,详细学习了国家安全生产的法律体系,正所谓无规矩不成方圆,安全生产也需要一套完整的法律体系来约束。每个人在社会上作为一个独立的个体,在不同的场合也会受到各种规矩的约束。君子慎独,我们要时刻用法律法规约束自己,在自己的位置上做好每一件事。

安全评价的发展尚且依赖前人的经验教训,在人生漫长的旅途中,我们也要学会从旧事物中汲取经验教训,站在前人的肩膀上攀更高的山。

第三节 安全评价的程序

在进一步学习安全评价报告如何编写之前,需要了解整个安全评价工作的流程。编制一份科学的安全评价报告,丰富的前期准备工作是必不可少的。安全评价工作可以大致分为三个阶段,即调研分析和工作方案制定阶段,现场勘验、风险数据采集和风险评价阶段,以及安全评价文件编制阶段,安全评价工作流程如图 1-1 所示。

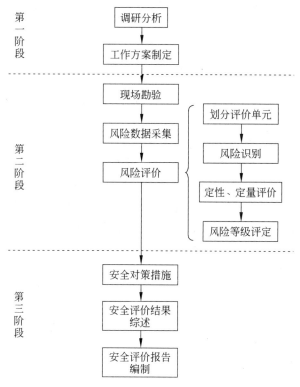

图 1-1 安全评价工作流程

一、调研分析和工作方案制定阶段

在对被评价目标进行安全风险状况调研时,需要系统地收集与该系统有关的资料,包括相关法律、法规、标准、部门规章、规范性文件及各类规划等。这些资料可以帮助明确各类风险因子,并初步识别出目标系统存在的安全风险。在此过程中,需要注意对收集到的资料进行综合风险分析、评估,以便更准确地确定潜在安全风险。

同时,需要明确安全评价类型、范围和标准。例如,安全评价的类型可以包括技术评价、管理评价、具体问题评价等;安全评价的范围可以涵盖目标系统的整体安全状况或者仅针对系统中某个特定部位的安全问题;安全评价的标准可以基于国家法律法规、行业标准或企业规范等制定。确定安全评价的类型、范围和标准后,还需要制订相应的安全评价工作计划,以确保评价工作有序进行和有效实施。

二、现场勘验、风险数据采集和风险评价阶段

(一)现场勘验阶段

现场勘验阶段是安全评价工作的关键环节之一。在此阶段,评价人员根据安全评价内容和现场环境,通过综合运用现场勘验器材,对被评价的目标系统的原始状态进行拍照、录音、摄影、技术测量、记录参数等。此外,评价人员应根据已收集的目标系统基础资料,采用现场观察法、现场询问法、问卷调研法等方法,对现场进行详尽调查与资料复核,并做好现场记录,以确保基础数据的准确性和全面性。

(二)风险数据采集

风险数据采集是安全评价工作的另一个重要环节。在此阶段,评价人员需要收集各种类型的风险数据,以便更好地评估被评价系统的安全状况。具体而言,风险数据的采集包括选址风险数据、平面布局风险数据、运行维护过程中的风险数据,以及发生较大生产安全事故时应急救援数据信息。

选址风险数据包括被评价系统的地理环境、自然条件、外部自然灾害、次生灾害风险数据等;平面布局风险数据包括被评价系统的危险源重点影响区域、危险源次级影响区域、周边脆弱性敏感目标、周边环境重大影响区域的风险数据等;运行维护过程中的风险数据包括被评价系统基于系统生命周期和空间两个基础维度,从人的因素、物的因素、环境的因素和管理的因素四个方面采集的风险数据;发生较大生产安全事故时应急救援数据信息包括被评价系统及周边社区、政府应急力量分布情况、应急设备装置、应急物资储备、应急通信保障等方面的数据信息。

(三)风险评价

根据被评价系统的特性和分解原理,对系统进行合理划分评价单元,采用"先分解再综合"原则,确保各个单元相对独立且能够全面覆盖评价范围。在进行安全风险识别与分析时,根据前期现场勘验结果、收集的风险数据,对被评价系统进行全面识别与风险分析,明确系统中风险的存在部位、运行方式、发生机理、作用路径及演化规律。根据不同评价单元的特性,选取适合的评价方法,对存在风险进行定性和定量评价。通过确定风险可接受标准,综合考虑被评价系统的评价目的、评价分析过程和结果量化程度,评估风险控制措施在工程技术、安全管理、培训教育、个体防护、应急处置等方面的充分性和有效性,最终根据风险可接受标准对比评定风险等级。

三、安全评价文件编制阶段

在现场勘验、风险数据采集和风险评价阶段工作中,将各类资料、现场数据和风险评价结果进行汇总分析,根据项目需要编制被评价系统基础信息表、较大以上风险清单及周边脆弱性目标清单,制作被评价系统及周边的地理信息图示和风险空间分布图示。这些工作

有助于系统地了解被评价系统及周边地区的基础信息和风险分布情况,为后续的安全评价提供必要的基础数据和可视化工具。

在此基础上,依据国家法律法规、行业标准或企业规范的要求,根据风险分析与评价结果,遵循科学合理性、可操作性、具体性、经济性等原则,提出消除风险有害因素或降低风险等级的安全管理对策措施及建议。安全管理对策措施及建议需要针对被评价系统的具体情况与现实可行性以实现对现有风险的有效管控。

在安全评价结果综述中,遵循客观、公正、真实的原则,明确给出被评价系统与国家有关安全生产的法律、法规、规章和标准的符合程度,以及委托方安全生产主体责任的落实情况、委托方的整改情况。并从风险管理角度给出被评价系统发生事故的可能性和事故后果危害程度的分析预测结果,以及采纳风险控制对策措施及建议后的被评价系统安全状况等。安全评价结果综述内容有助于安全评价委托方及相关企业单位全面了解、掌握被评价系统的安全状况和未来风险控制方向。

编制安全评价报告时,对调研分析和工作方案制定阶段、风险数据采集和风险评价阶段的工作结果进行综合论述,对被评价系统的风险状况进行全面、系统和科学的评价解释,提出科学、合理、具体、可操作、经济的安全管理对策措施及建议。安全评价工作是安全评价报告的编制基础,安全评价报告是安全评价工作的概括总结,两者相辅相成、密不可分。熟练掌握安全评价工作流程,明确安全评价工作各步骤目的与注意事项,对编写安全评价报告具有重要意义。

思政教学启示

本节了解到进行安全评价要先明确对象做好准备工作,然后进行危险危害因素识别与分析、定性及定量评价,再提出安全对策、形成安全评价结论及建议,最后编制成安全评价报告,需要我们按部就班地走完安全评价的程序。正如生活中很多事情都不是一蹴而就的,需要我们一步一步脚踏实地做好人生中的每一件事。这也提醒我们在后续的学习中,撰写安全评价报告要遵循安全评价程序,做好准备工作,按流程完成评价报告。

第四节 安全评价的原理与原则

一、安全评价的基本原理

虽然安全评价的应用领域宽广,评价的方法和手段众多,且评价对象的属性、特征及事件的随机性千变万化、各不相同,但究其思维方式却是一致的。将安全评价的思维方式和依据的理论统称为安全评价原理。常用的安全评价原理有相关性原理、类推原理、惯性原理和量变到质变原理等。

（一）相关性原理

相关性是指一个系统,其属性、特征与事故和职业危害存在着因果的相关性。这是系统因果评价方法的理论基础。

1. 系统的基本特征

安全评价把研究的所有对象都视为系统。系统是指由若干相互联系的、为了达到一定目标而具有独立功能的要素所构成的有机整体。系统有大有小,千差万别,但所有的系统都具有以下普遍的基本特征。

(1) 目的性。任何系统都具有目的性,要实现一定的目标(功能)。

(2) 集合性。集合性是指一个系统是由若干个元素组成的一个有机联系的整体,或是由各层次的要素(子系统、单元、元素集)集合组成的一个有机联系的整体。

(3) 相关性。相关性即一个系统内部各要素(或元素)之间存在着相互影响、相互作用、相互依赖的有机联系,通过综合协调实现系统的整体功能。在相关关系中,二元关系是基本关系,其他复杂的相关关系是在二元关系基础上发展起来的。

(4) 阶层性。在大多数系统中,存在着多阶层性,通过彼此作用,互相影响、制约,形成一个系统整体。

(5) 整体性。系统的要素集、相关关系集、各阶层构成了系统的整体。

(6) 适应性。系统对外部环境的变化有着一定的适应性。

系统的整体目标(功能)是由组成系统的各子系统、单元综合发挥作用的结果。系统与子系统、子系统与单元有着密切的关系,而且各子系统之间、各单元之间、各元素之间也都存在密切相关关系。所以,在评价过程中只有找出这种相关关系,并建立相关模型,才能正确地对系统的安全性做出评价。

系统的结构可用下列公式表达:

$$E = \max f(\boldsymbol{X}, \boldsymbol{R}, C)$$

式中,E——最优结合效果;

$\boldsymbol{X}$——系统组成的要素集,即组成系统的所有元素;

$\boldsymbol{R}$——系统组成要素的相关关系集,即系统各元素之间的所有相关关系;

C——系统组成的要素及其相关关系在各阶层上可能的分布形式;

$f(\boldsymbol{X}, \boldsymbol{R}, C)$——$\boldsymbol{X}$、$\boldsymbol{R}$、$C$ 的结合效果函数。

对系统的要素集($\boldsymbol{X}$)、关系集($\boldsymbol{R}$)和层次分布形式(C)的分析,可阐明系统整体的性质。要使系统目标达到最佳程度,只有使上述三者达到最优结合,才能产生最优的结合效果 E。

对系统进行安全评价,就是要寻求 $\boldsymbol{X}$、$\boldsymbol{R}$ 和 C 的最合理的结合形式,即寻求具有最优结合 E 的系统结构形式在对应系统目标集和环境因素约束集的条件,给出最安全的系统结合方式。例如,一个生产系统一般是由若干生产装置、物料、人员($\boldsymbol{X}$)集合组成的;其工艺过程是在人、机、物料、作业环境结合过程(人控制的物理、化学过程)中进行的($\boldsymbol{R}$);生产设备的可靠性、人的行为的安全性、安全管理的有效性等因素层次上存在各种分布关系(C)。安全评价的目的,就是寻求系统在最佳生产(运行)状态下最安全的有机结合。

在进行安全评价之前须研究与系统安全有关的系统组成要素、要素之间的相关关系以及它们在系统各层次的分布情况。例如,要调查研究构成工厂的所有要素(人、机、物料、环境等),明确它们之间存在的相互影响、相互作用、相互制约的关系和这些关系在系统的不同层次中的不同表现形式等。

2. 因果关系

有因才有果,这是事物发展变化的规律。事物的原因和结果之间存在着类似函数的密切关系。若研究和分析各个系统之间的依存关系和影响程度,就可以探求其变化的特征和规律,并可以预测其未来状态的发展变化趋势。

事故的发生是有原因的,而且往往不是由单一原因因素造成的,而是由若干个原因因素耦合在一起导致的。当出现符合事故发生的充分与必要条件时,事故就必然会立即爆发。多一个原因因素不需要,少一个原因因素事故就不会发生。而每一个一次原因因素又由若干个二次原因因素构成,以此类推三次原因因素。

消除一次或二次或三次等原因因素,破坏发生事故的充分与必要条件,事故就不会产生,这就是采取技术、管理、教育等方面的安全对策措施的理论依据。

在评价过程中,借鉴历史、同类系统的数据、典型案例等资料,找出事故发展过程中的相互关系,建立起接近真实系统的数学模型,则评价会取得较好的效果。而且越接近真实系统,评价效果越好,结果越准确。

(二)类推原理

所谓类推又称类比,是指根据两个或两类对象之间存在的某些相同或相似的属性,从一个已知对象具有某个属性来推出另一个对象是否具有此种属性的一种推理过程。类推推理对于人们认识世界和改造世界的活动非常重要,在安全生产、安全评价中,同样也有着特殊的意义和重要作用。

1. 基本模式

A、B 表示两个不同对象,A 有属性 $P_1,P_2,\cdots,P_m,P_n$,B 有属性 $P_1,P_2,\cdots,P_m$,则可以推理出 B 也可能具备属性 $P_n(n>m)$。

在应用时要注意提高结论的可靠性,其方法如下:

(1)要尽量多地列举两个或两类对象所共有或共缺的属性;

(2)两个类比对象所共有或共缺的属性越本质,则推出的结论越可靠;

(3)两个类比对象共有或共缺的对象与类推的属性之间具有本质和必然的联系,则推出结论的可靠性就比较高。

2. 常用的类推方法

常用的类推方法有以下几种。

1)平衡推算法

平衡推算法是根据相互依存的平衡关系来推算所缺的有关指标的方法。如利用海因里希关于重伤、死亡、轻伤及无伤害事故比例为 1∶29∶300 的规律,在已知重伤、死亡数据的情况下,可推算出轻伤及无伤害事故数据;利用事故的直接经济损失与间接经济损失的比例为 1∶4 的关系,从直接经济损失推算间接经济损失和事故总经济损失,均属于使用平衡推算法。

2)代替推算法

代替推算法是利用具有密切联系(或相似)的有关资料、数据,来代替所缺资料、数据的方法。如对新建装置的安全预评价,可使用与其类似的已有装置资料、数据对其进行评价;在职业卫生评价中,人们常常类比同类或类似装置的工业卫生检测数据进行评价。

3)因素推算法

因素推算法是根据指标之间的联系,从已知因素的数据推算有关未知指标数据的方法。如已知系统发生事故的概率 P 和事故损失严重程度 S,就可利用风险率 R 与 P、S 的关系来求得风险率 $R=PS$。

4)抽样推算法

抽样推算法是根据抽样或典型调查资料推算系统总体特征的方法。这种方法是数理统计分析中常用的方法,是以部分样本代表整个样本空间来对总体进行统计分析的一种方法。

5)比例推算法

比例推算法是根据社会经济现象的内在联系,用某一时期、地区、部门或单位的实际比例,推算另一类似时期、地区、部门或单位有关指标的方法。例如,控制图法的控制中心线是根据上一个统计期间的平均事故率来确定的。国外各行业安全指标通常也是根据前几年的年度事故平均数值来确定的。

6)概率推算法

概率是指某一事件发生的可能性大小。事故的发生是一种随机事件,任何随机事件,在一定条件下是否发生是没有规律的,但其发生概率是一个客观存在的定值。根据有限的实际统计资料,采用概率论和数理统计方法可求出随机事件出现各种状态的概率。使用概率来预测未来系统发生事故可能性的大小,以此来衡量系统危险性的大小、安全程度的高低。美国原子能委员会的"商用核电站风险评估报告"采用的方法基本上是概率推算法。

(三)惯性原理

任何事物在其发展过程中,从过去到现在,以及延伸至将来,都具有一定的延续性,这种延续性称为惯性。利用惯性可以研究事物或评价系统的未来发展趋势。例如,从一个单位过去的安全生产状况、事故统计资料,可以找出安全生产及事故发展变化趋势,推测其未来安全状态。

使用惯性原理进行评价时应注意以下两点。

(1)惯性越大,影响越大;反之,影响越小。例如,一个生产经营单位如果疏于管理,违章作业、违章指挥、违反劳动纪律严重,事故就多,若任其发展则会愈演愈烈,而且有加速的态势,惯性越来越大。对此,必须立即采取相应对策措施,破坏这种格局,亦即中止或使这种不良惯性改向,才能防止事故的发生。

(2)一个系统的惯性是这个系统内各个内部因素之间互相联系、互相影响、互相作用,按照一定的规律发展变化的一种状态趋势。

只有当系统是稳定的,受外部环境和内部因素影响产生的变化较小时,其内在联系和基本特征才可能延续下去,该系统所表现的惯性发展结果才基本符合实际。但是,没有绝对稳定的系统,事物发展的惯性在受外力作用时,可使其加速或减速甚至改变方向,这样就需要对一个系统的评价进行修正,即在系统主要方面不变,而其他方面有所偏离时,就应根据其偏离程度对所出现的偏离现象进行修正。

（四）量变到质变原理

任何一个事物在发展变化过程中都存在着从量变到质变的规律。同样,在一个系统中,许多有关安全的因素也都存在着从量变到质变的过程。在评价一个系统的安全时,也都离不开从量变到质变的原理。

许多定量评价方法中,有关危险等级的划分无不应用着量变到质变的原理。陶氏化学公司"火灾、爆炸危险指数评价法(第7版)"中,关于按F&EI(火灾、爆炸指数)划分的危险等级:≤60("最轻"级)、61～96("较轻"级)、97～127("中等"级)、128～158("很大"级)、≥159("非常大"级)。而在评价结论中,"中等"级及以下的级别是"可以接受的"(在提出对策措施时可不考虑),而"很大"级、"非常大"级则是"不能接受的"(应考虑对策措施)。

掌握评价基本原理可以建立正确的思维方式,对于评价人员开拓思路、合理选择和灵活运用评价方法都是十分必要的。世界上没有一成不变的事物,评价对象的发展不是过去状态的简单延续,评价的事件也不会是自己类似事件的机械再现,相似不等于相同。因此,在评价过程中,还应对客观情况进行具体分析,以提高评价结果的准确程度。

二、安全评价的原则

安全评价是落实"安全第一,预防为主"安全生产方针的重要技术保障,是安全生产监督管理的重要手段。安全评价工作以国家有关安全生产的方针、政策和法律、法规、标准为依据,运用定量和定性的方法对建设项目或生产经营单位存在的危险有害因素进行识别、分析和评价,提出预防、控制、治理的对策措施,为建设单位或生产经营单位预防事故的发生,为政府主管部门进行安全生产监督管理提供科学依据。

安全评价是关系到被评价项目能否符合国家规定的安全标准,能否保障劳动者安全与健康的关键性工作。由于这项工作不但技术性强,还有很强的政策性,因此,要做好这项工作,必须以被评价项目的具体情况为基础,以国家安全法规及有关技术标准为依据,用严肃科学的态度和认真负责的精神,全面、仔细、深入地开展和完成评价任务。在工作中必须自始至终遵循科学性、公正性、合法性和针对性原则。

（一）科学性

安全评价涉及学科范围广,影响因素复杂多变。为保证安全评价能准确地反映被评价系统的客观实际,确保结论的正确性,在开展安全评价的全过程中,必须依据科学的方法、程序,以严谨的科学态度全面、准确、客观地进行工作,提出科学的对策措施,做出科学的结论。

危险有害因素产生危险、危害后果,需要一定条件和触发因素,要根据内在的客观规律,分析危险有害因素的种类、程度、产生的原因,以及出现危险、危害的条件及其后果,才能为安全评价提供可靠的依据。

现有的安全评价方法均有其局限性。评价人员应全面、仔细、科学地分析各种评价方法的原理、特点、适用范围和使用条件,必要时,还应采用几种评价方法进行评价和分析综合,互为补充,互相验证,提高评价的准确性;评价时,切忌生搬硬套、主观臆断、以偏概全。

从收集资料、调查分析、筛选评价因子、测试取样、数据处理、模式计算和权重值的给定,直至提出对策措施、做出评价结论与建议等,每个环节都必须用科学的方法和可靠的数据,按科学的工作程序一丝不苟地完成各项工作,努力在最大限度上保证评价结论的正确性和对策措施的合理性、可行性和可靠性。

受一系列不确定因素的影响,安全评价在一定程度上存在误差。评价结果的准确性直接影响到决策的正确性,安全设计是否完善,以及运行是否安全、可靠。因此,对评价结果进行验证十分重要。为了不断提高安全评价的准确性,评价机构应有计划、有步骤地对同类装置、国内外的安全生产经验、相关事故案例和预防措施,以及评价后的实际运行情况进行考察、分析、验证,利用建设项目建成后的事后评价进行验证,并运用统计方法对评价误差进行统计和分析,以便改进原有的评价方法和修正评价参数,不断提高评价的准确性、科学性。

（二）公正性

安全评价结论是评价项目的决策、设计及能否安全运行的依据,也是国家安全生产监督管理部门进行安全监督管理的执法依据。因此,对于安全评价的每一项工作都要做到客观和公正,既要防止受到主观因素的影响,又要排除外界因素的干扰,避免出现不合理、不公正的评价结论。

安全评价有时会涉及一些部门、集团、个人的某些利益。因此,在评价时,必须以国家和劳动者的总体利益为重,要充分考虑劳动者在劳动过程中的安全与健康,要依据有关法规、标准、规范,提出明确的要求和建议。评价结论和建议不能模棱两可、含糊其辞。

（三）合法性

安全评价机构和评价人员必须由国家安全生产监督管理部门予以资质核准和资格注册,只有取得资质的机构才能依法进行安全评价工作。政策、法规、标准是安全评价的依据,合法性是安全评价工作的灵魂。所以,承担安全评价工作的机构必须在国家安全生产监督管理部门的指导、监督下,严格执行国家及地方颁布的有关安全生产的方针、政策、法规和标准等。在具体评价过程中,应全面、仔细、深入地剖析评价项目或生产经营单位在执行产业政策以及安全生产和劳动保护政策等方面存在的问题,并且主动接受国家安全生产监督管理部门的指导、监督和检查。

（四）针对性

进行安全评价时,首先应针对被评价项目的实际情况和特征,收集有关资料,对系统进行全面分析;其次要对众多的危险有害因素及单元进行筛选,针对主要的危险有害因素及重要单元应进行有针对性的重点评价,并辅以重大事故后果和典型案例分析、评价,由于各类评价方法都有特定的适用范围和使用条件,要有针对性地选用评价方法;最后要从实际的经济、技术条件出发,提出有针对性的、操作性强的对策措施,对被评价项目做出客观、公正的评价。

三、安全评价模型

在研究实际系统时,为了便于试验、分析、评价和预测,总是先设法对所要研究的系统的结构形态或运动状态进行描述、模拟和抽象。它是对系统或过程的一种简化,虽然不包括原系统或过程的全部特征,但能描述原系统或输入过程、中间过程和输出过程的本质特征,并与原系统或过程所处的环境条件相似。

安全评价模型一般可分为以下三种类型。

（一）形象模型

形象模型是系统实体的放大或缩小,如建造舰船和飞机用的模型、作战计划用的沙盘、土木工程用的建筑模型等。

（二）模拟模型

模拟模型是在一组可控制的条件下,通过改变特定的参数来观察模型的响应,预测系统在真实环境条件下的性能和运动规律。例如,在水池中对船模进行航行模拟试验;飞机模型在风洞中模拟飞行过程;在实验室条件下利用计算机模拟自动系统的工作过程等。

（三）数学模型

数学模型也称符号模型,它是用数学表达式来描述实际系统的结构及其变量间的相互关系的。如化工装置利用 ICI 蒙德法进行单元评价时,其火灾、爆炸、毒性指标由下式来描述:

$$D = B\left(1+\frac{M}{100}\right)\left(1+\frac{P}{100}\right)\left(1+\frac{S+Q+L}{100}+\frac{T}{400}\right)$$

式中,D——DOW/ICI 全体指标;

B——物质系数;

M——特殊物质危险性;

P——一般工艺危险性;

S——特殊工艺危险性;

Q——量危险性;

L——配置危险性;

T——毒性危险性。

思政教学启示

本节是对安全评价的原理原则、评价模型及评价方法的概述,安全评价的原则在我们日常生活中仍然适用,启示我们要科学、公正、有针对性地解决和思考问题。

前人将安全评价的内涵解析出不同的层面,衍生了多种多样的安全评价方法并将安全评价内容归结为不同的模型,启示我们在解决问题时要注重总结,既要把问题联系起来全面地看待问题,也要尝试开阔思路,从不同的角度解决问题。

知识点总结

安全评价涉及的基本概念,安全评价的发展史,安全评价的目的及意义,安全评价的依据、程序、基本原理与原则,常见的安全评价模型、安全评价方法。

技 能 盘 点

了解安全评价的相关法律法规,能够基本辨别安全评价的模型,掌握安全评价的程序,能以该程序为主要思路解读安全评价报告。

思考与练习

1. 简述安全评价的程序。
2. 安全评价的依据有哪些?
3. 简述几种常见的安全评价方法。
4. 简述安全评价的类推原理,并列出常用的类推方法。
5. 举例建立安全评价模型,并进行简要分析。

第二章　危险有害因素的辨识与分析

学习任务

1. 准确表述危险有害因素的基本概念及其分类。
2. 运用危险有害因素的辨识原则与方法辨识危险有害因素。
3. 辨识重大危险源,并能够对重大危险源进行分级。

第一节　危险有害因素及其分类

一、危险有害因素的概念

危险因素是指能对人造成伤亡或对物造成突发性损害的因素。危险因素强调突发的瞬间作用。有害因素是指能影响人的身体健康、导致疾病,或对物造成慢性损害的因素。有害因素强调在一定时间范围内的积累作用。通常对上述概念不加以区分而统称为危险有害因素。客观存在的危险有害物质和能量超过临界值的设备、设施和场所,都可能成为危险有害因素。

二、产生危险有害因素的原因

存在危险有害物质及能量失控是危险有害因素转换为事故的根本原因。尽管危险有害因素的种类不同,但其能造成危险有害的后果本质上都可归结于存在危险有害物质及能量失控等方面因素的共同作用,并由此引发了危险有害物质的泄漏、能量意外释放等后果。危险有害物质和能量失控主要是由人的不安全行为、物的不安全状态和管理缺陷三方面因素导致的。

在《企业职工伤亡事故分类》(GB 6441—1986)中,将人的不安全行为分为操作失误、造成安全装置失效、使用不安全设备等13大类;将物的不安全状态分为防护、保险、信号等装置缺乏或有缺陷,设备、设施、工具、附件有缺陷,个人防护用品、用具缺少或有缺陷,以及生产(施工)场地环境不良四大类;安全管理缺陷主要有以下分类。

(1) 对物(含作业环境)性能控制的缺陷,如设计、监测和不符合处置方面的缺陷。

(2) 对人失误控制的缺陷,如教育、培训、指示、雇用选择、行为监测方面的缺陷。

(3) 工艺过程、作业程序的缺陷,如工艺、技术错误或不当,无作业程序或作业程序有错误。

(4) 用人单位的缺陷,如人事安排不合理、负荷超限、无必要的监督和联络、禁忌作业等。

（5）对来自相关方（供应商、承包商等）的风险管理的缺陷，如合同签订、采购等活动中忽略了安全健康方面的要求。

（6）违反安全人机工程原理，如使用的机器不符合人的生理或心理特点。

（7）此外，一些客观因素，如温度、湿度、色彩、风雨雪天气、照明、噪声、振动、视野、通风换气等也会引起设备故障或人员失误，是导致危险有害物质和能量失控的间接因素。

三、危险有害因素的分类

对危险有害因素进行分类，便于对危险有害因素进行分析与识别。危险有害因素分类的方法有多种，下面将简要介绍危险有害因素的分类方法。

（一）按导致事故的直接原因进行分类

根据《生产过程危险和有害因素分类与代码》（GB/T 13861—1992）的规定，将生产过程中的危险有害因素分为以下六类。

1. 物理性危险有害因素

（1）设备、设施缺陷（强度不够、刚度不够、稳定性差、密封不良、应力集中、外形缺陷、外露运动件、操纵器缺陷、制动器缺陷、控制器缺陷、设备设施其他缺陷等）。

（2）防护缺陷（无防护、防护装置和设施缺陷、防护不当、支撑不当、防护距离不够、其他防护缺陷等）。

（3）电危害（带电部位裸露、漏电、雷电、静电、电火花、其他电危害等）。

（4）噪声危害（机械性噪声、电磁性噪声、流体动力性噪声、其他噪声等）。

（5）振动危害（机械性振动、电磁性振动、流体动力性振动、其他振动危害等）。

（6）电磁辐射（电离辐射，包括 X 射线、γ 射线、α 粒子、β 粒子、质子、中子、高能电子束等；非电离辐射，包括紫外线、激光、射频辐射、超高压电场等）。

（7）运动物危害（固体抛射物，液体飞溅物，坠落物，反弹物，土、岩滑动，料堆（垛）滑动，气流卷动，冲击地压，其他运动物危害等）。

（8）明火。

（9）能造成灼伤的高温物质（高温气体、液体、固体，其他高温物质等）。

（10）能造成冻伤的低温物质（低温气体、液体、固体，其他低温物质等）。

（11）粉尘与气溶胶（不包括爆炸性、有毒性粉尘与气溶胶）。

（12）作业环境不良（基础下沉，安全过道缺陷，采光照明不良，有害光照，缺氧，通风不良，空气质量不良，给、排水不良，涌水，强迫体位，气温过高，气温过低，气压过高，气压过低，高温高湿，自然灾害，其他作业环境不良等）。

（13）信号缺陷（无信号设施，信号选用不当，信号位置不当，信号不清、显示不准及其他信号缺陷等）。

（14）标志缺陷（无标志，标志不清晰、不规范，标志选用不当，标志位置缺陷及其他标志缺陷等）。

（15）其他物理性危险有害因素。

2. 化学性危险有害因素

（1）易燃易爆性物质（易燃易爆性气体、液体、固体、粉尘与气溶胶及其他易燃易爆性物质等）。

（2）自燃性物质。

（3）有毒物质（有毒气体、液体、固体、粉尘与气溶胶及其他有毒物质等）。

（4）腐蚀性物质（腐蚀性气体、液体、固体及其他腐蚀性物质等）。

（5）其他化学性危险有害因素。

3. 生物性危险有害因素

（1）致病微生物（细菌、病毒及其他致病性微生物等）。

（2）传染病媒介物。

（3）致害动物。

（4）致害植物。

（5）其他生物性危险有害因素。

4. 心理、生理性危险有害因素

（1）负荷超限（体力、听力、视力及其他负荷超限）。

（2）健康状况异常。

（3）从事禁忌作业。

（4）心理异常（情绪异常、冒险心理、过度紧张、其他心理异常）。

（5）辨别功能缺陷（感知延迟、辨识错误、其他辨别功能缺陷）。

（6）其他心理、生理性危险有害因素。

5. 行为性危险有害因素

（1）指挥错误（指挥失误、违章指挥、其他指挥错误）。

（2）操作错误（误操作、违章作业、其他操作错误）。

（3）监护错误。

（4）其他错误。

（5）其他行为性危险有害因素。

6. 其他危险有害因素

（1）搬举重物。

（2）作业空间。

（3）工具不合适。

（4）标识不清。

（二）参照《企业职工伤亡事故分类》进行分类

参照《企业职工伤亡事故分类》（GB 6441—1986），综合考虑起因物、引起事故的诱导性原因、致害物、伤害方式等，将事故分为20类。

（1）物体打击，是指物体在重力或其他外力的作用下产生运动，打击人体造成人身伤亡事故，不包括因机械设备、车辆、起重机械、坍塌等引发的物体打击。

（2）车辆伤害，是指企业机动车辆在行驶中引起的人体坠落和物体倒塌、下落、挤压伤亡事故，不包括起重设备提升、牵引车辆和车辆停驶时发生的事故。

（3）机械伤害，是指机械设备运动（静止）部件、工具、加工件直接与人体接触引起的夹击、碰撞、剪切、卷入、绞、碾、割、刺等伤害，不包括车辆、起重机械引起的机械伤害。

（4）起重伤害，是指各种起重作业（包括起重机安装、检修、试验）中发生的挤压、坠落（吊具、吊重）物体打击和触电。

（5）触电，包括雷击伤亡事故。

（6）淹溺，包括高处坠落淹溺，不包括矿山、井下透水淹溺。

（7）灼烫，是指火焰烧伤、高温物体烫伤、化学灼伤（酸、碱、盐、有机物引起的体内外灼伤）、物理灼伤（光、放射性物质引起的体内外灼伤），不包括电灼伤和火灾引起的烧伤。

（8）火灾。

（9）高处坠落，是指在高处作业中发生坠落造成的伤亡事故，不包括触电坠落事故。

（10）坍塌，是指物体在外力或重力作用下，超过自身的强度极限或因结构稳定性破坏而造成的事故，如挖沟时的土石塌方、脚手架坍塌、堆置物倒塌等，不适用于矿山冒顶片帮和车辆、起重机械、爆破引起的坍塌。

（11）冒顶片帮。

（12）透水。

（13）放炮，指爆破作业中发生的伤亡事故。

（14）火药爆炸，指火药、炸药及其制品在生产、加工、运输、储存中发生的爆炸事故。

（15）瓦斯爆炸。

（16）锅炉爆炸。

（17）容器爆炸。

（18）其他爆炸。

（19）中毒和窒息。

（20）其他伤害。

（三）按职业病危险有害因素进行分类

参照原卫生部、原劳动人事部、中华全国总工会等颁发的《职业病范围和职业病患者处理办法的规定》，将危险有害因素分为生产性粉尘、毒物、噪声与振动、高温、低温、辐射（电离辐射、非电离辐射）及其他有害因素七类。

思政教学启示

本节我们了解了危险有害因素的基本概念，对危险有害因素的定义、产生原因有了初步的认识。正如学习新事物需要从最基本的概念层面入手，探究事故的发生也须究其起因，从对危险有害因素的分析着手，思考事故的起因。

第二节 危险有害因素的辨识原则与方法

一、危险有害因素的辨识原则及注意事项

识别在生产过程中存在的危险有害因素,并对这些隐患采取相应的措施,以达到消除和减少事故的目的,是安全评价所必须要做的一项工作内容,能够为安全生产提供隐患的检查手段,帮助认识生产过程中所存在的危险有害因素,为减少事故、降低事故损害的严重程度度打基础。

(一)危险有害因素识别应遵循的原则

1. 科学性

危险有害因素的辨识工作是辨析确定某一系统中存在的不安全因素和危险情况,并非研究防止事故发生的具体措施。即本质上是预测安全状态和事故发生途径的一类手段。因此,在进行危险有害因素识别时,要求我们必须遵循安全科学的理论,正确把握辨识方法,使危险有害因素辨识工作能真正揭示系统危险有害因素存在的方式、部位、事故发生的途径及变化的规律,并进行定性、定量的准确描述,用合乎逻辑的理论予以解释。

2. 系统性

危险有害因素广泛存在于生产活动的不同层面,在进行危险有害因素辨识时,要对系统进行全面的考察分析,辨识主要危险有害因素及其相关的危险性、有害性,研究系统之间的相互关系。

3. 全面性

为避免留下隐患,导致严重事故后果的发生,在进行危险有害因素辨识时必须全面地考察,要从厂址、设施、建(构)筑物、特种设备、生产设备装置、公用工程、总图运输、自然条件、工艺工程、安全管理制度等各方面进行识别,不得发生遗漏。除了识别生产过程中的不安全因素外,还要分析开车、停车、检修及操作失误情况下的危险、有害后果。

4. 预测性

在进行危险有害因素识别的过程中,还要分析危险有害因素出现的多重条件,辨析可能导致的事故模式,预测可能发生的多种危险状况。

(二)危险有害因素识别应注意的问题

(1)在识别危险有害因素的过程中,为避免遗漏,宜按照作业环境、平面布局、建筑物、厂址、生产工艺及设备、物质、辅助生产设施(包括公用工程)等几个方面分别辨析存在的危险有害因素,有序地进行列表记录,综合归纳。

(2)识别过程中,要重点分析事故发生的直接原因和诱导原因,以便为安全评价确定评价目标、评价重点、评价单元的划分,选择合适的评价方法,以及采取相应控制手段提供依据。

（3）针对重大危险源、危险有害因素时,不仅要分析正常生产过程中的危险有害因素,也要重点分析设备装置破坏及操作失误可能引发事故模式的危险、危害因素。

二、危险有害因素的辨识方法

危险有害因素辨识是进行事故预防、安全评价、重大危险源监督管理、建立职业安全卫生管理体系及应急预案的基础。通过划分生产作业活动,从工艺、环境、生产、设备、人员和管理等层面进行识别。

许多安全评价方法在对危险有害因素的辨识中都适用,危险有害因素辨识方法是分析危险有害因素的重要工具,方法的选择要根据分析对象的特点、性质、寿命的不同阶段和分析人员的经验知识和习惯决定。

常用的危险有害因素辨识方法大致分为以下两类。

（1）直观经验法。适用于有可供参考先例,有以往经验可以借鉴的危险有害因素辨识过程,在没有可供参考先例的新系统中不能应用。

（2）系统安全分析方法。系统安全分析方法常用于复杂系统、没有事故经验的新开发系统。常用的系统安全分析方法有事件树（ETA）、故障树（FTA）等。美国拉氏姆逊教授曾在没有先例的情况下,大规模、有效地使用了 FTA 和 ETA 方法,分析了核电站的危险有害因素,并被以后发生的核电站事故所证实,具有实际意义。

三、危险有害因素的辨识要点

遵循科学的原则,以科学安全的理论作为指导,将危险有害因素清晰、定量定性地表达出来,做合乎逻辑的叙述和判断。

辨识危险有害因素时要全面地分析每一处的不安全因素,综合归纳,系统性地评定排查,分清主次,切忌遗漏。

辨识工作是一项长期的工作,是一个不断完善的过程,应定期和不定期地进行。

案例

以聚氯乙烯生产危害因素辨识项目为例,列出辨识的主要思路。

1. 聚氯乙烯生产过程中危险有害因素的辨识

聚氯乙烯生产过程中,危险有害物质较多。例如,氯气、氢气、盐酸、烧碱、乙炔、氯乙烯等,应从物质的理化性质、稳定性与化学活性、危险特性、作用方式、急救措施、消防措施、泄漏应急措施、操作处置与储存、个体防护、运输信息及各危险物质存在的部位逐一进行辨识,在辨识过程中要特别针对易燃、易爆氢气和有毒氯气、氨、氯乙烯等重点辨识,依据《重大危险源辨识》标准辨识企业是否存在重大危险源（major hazard）以及存在的部位及方式。

2. 聚氯乙烯生产环境中危险有害因素的辨识

聚氯乙烯生产存在着较大的火灾、爆炸危险性。为了全面预测和控制风险,厂址、总平面布置、道路运输及建构筑物等方面的危险有害因素的辨识应从厂址的工程地质、地形、自然灾害、周边环境、气象条件、交通运输、抢险救灾支持条件等方面进行分析。总平面布置的辨识与分析主要是功能分区布置、高温、有害物质、噪声、易燃、易爆、设施的布置、安全距离、风向等。例如,电解工段、氯氢工段等有可能发生"跑氯"事故的生产区域是否布置在盐水、蒸发工段的常年风向的下风向。建构筑物的辨识和分析主要是从建构筑物的结构、防火、防爆、朝向、采光、运输通道、开门等方面进行辨识。

3. 聚氯乙烯生产工艺中危险有害因素的辨识

根据聚氯乙烯的生产特点,工艺过程的危险有害因素的分析宜按照生产单元来辨识。例如,以盐水电解、蒸发、分馏、聚合、干燥、包装等聚氯乙烯生产的最基本的生产过程为单元,对各单元危险有害因素进行逐一辨识,这些生产单元的危险有害因素已经归纳总结在许多手册、规范、规程和规定中,通过查阅这些文献均能得到。而对设备的辨识主要包括设备本身能否满足工艺要求,且是否有足够的强度;是否具备相应的安全附件或安全防护装置,且是否配套;设备是否具备指示性安全技术措施;是否具备紧急停车的装置;是否具备检修时不能自动运行、不能自动反向运转的安全装置;设备密封性能是否可靠等。

4. 辅助生产设施(包括公用工程)的危险有害因素的辨识

聚氯乙烯生产的辅助生产设施主要是水站、锅炉系统、电力系统,这些系统的危险有害因素的辨识以水站、锅炉水处理系统、锅炉燃烧系统、锅炉热力系统、锅炉压力循环系统、变配电系统(包括高压、整流系统)等生产单元逐一进行辨识,重点是设备及操作工艺条件。

5. 职业危害的辨识

聚氯乙烯生产中主要的职业危害为粉尘(破碎工序、制作石棉模工序中)、中毒(氯氢工序、氯乙烯工序、冷冻工序等)、噪声(机械噪声、空气动力噪声、电磁噪声)、振动、非电离辐射(电焊过程中)、高温(盐水工序、电解工序、蒸发工序、固碱工序等)、低温(液氯工序、冷冻等工序)等危害,应就其存在的部位、危害的方式和后果及防范措施——进行辨识。

6. 安全管理方面的危害辨识

生产单位应建立健全安全生产管理组织机构、安全生产管理制度,强化事故应急救援预案、特种作业人员培训、重大危险源管理制度、监控措施及日常安全管理,对诸方面逐一辨识,防止遗漏。通过对聚氯乙烯生产危险有害因素、危险源辨识和监控,按照事故发生的规律和特点,预防事故的发生,做到防患于未然,将事故消灭在萌芽状态,这是保障聚氯乙烯安全生产的基础。

思政教学启示

本节我们了解了危险有害因素辨识的方法和原则。无规矩不成方圆,做任何事都要遵循相应的准则,以科学的理论作为指导,通过正确合理的方法实施作业。在日常生活中我们也应遵守生活中的法则,规范地完成每一件工作。

危险有害因素的辨识工作是一项长期的工作,需要不断完善。危险有害因素辨识工作的注意事项也告诫我们,无论是在安全评价工作中还是在生活中,都要以发展的眼光看待问题,与时俱进,不断完善自己的工作任务或者项目规划,切忌追求一劳永逸。

第三节　重大危险源辨识

一、重大危险源的基本概念

防止重大工业事故须首先辨识或确认重大危险源。《危险化学品重大危险源辨识》(GB 18218—2009)将其定义为：长期地或临时地生产、储存、使用和经营危险化学品，且危险化学品的数量等于或超过临界量的单元。《中华人民共和国安全生产法》将其定义为：长期或临时生产、搬运、使用或者储存危险物品，且危险物品的数量等于或者超过临界量的单元(包括场所和设施)。

需要注意的是，我国重大危险源辨识适用于危险化学品的生产、使用、储存和经营等，不适用于核设施核加工放射性物质的工厂、军事设施、采矿业(但涉及危险化学品的加工工艺及储存活动除外)、危险化学品运输及海上石油天然气开采活动。

二、重大危险源辨识与分级

(一)重大危险源辨识

危险化学品重大危险源的辨识是依据危险化学品的危险特性及其数量，单元内存在的危险化学品的数量是根据处理危险化学品种类的多少来区分的，主要分为以下两种情况。

(1) 单元内存在的危险化学品为单一品种时，则该危险化学品的数量即为单元内危险化学品的总量，若等于或超过相应的临界量，则定为重大危险源。

(2) 单元内存在的危险化学品为多品种时，按下式计算，若满足下式，则定为重大危险源：

$$\frac{q_1}{Q_1}+\frac{q_2}{Q_2}+\cdots+\frac{q_n}{Q_n}\geqslant 1$$

式中，$q_1,q_2,\cdots,q_n$——每种危险化学品实际存在的量，单位为吨；

$Q_1,Q_2,\cdots,Q_n$——与各危险化学品相对应的生产场所或储存区的危险化学品的临界量，单位为吨。

(二)重大危险源的分级

《危险化学品重大危险源监督管理暂行规定》(国家安全生产监督管理总局令第 40 号)明确提出了对重大危险源进行分级的要求，并规定了具体的分级方法。根据其规定，危险化学品重大危险源可分为一级、二级、三级、四级，一级为最高级别。

1. 分级指标

采用单元内各种危险化学品实际存在(在线)量与其在《危险化学品重大危险源辨识》(GB 18218—2009)中规定的临界量比值，经校正系数校正后的比值之和 R 作为分级指标。

2. R 的计算方法

$$R=\alpha\left(\beta_1\frac{q_1}{Q_1}+\beta_2\frac{q_2}{Q_2}+\cdots+\beta_n\frac{q_n}{Q_n}\right)$$

式中，$q_1, q_2, \cdots, q_n$——每种危险化学品实际存在(在线)量，单位为吨；

$Q_1, Q_2, \cdots, Q_n$——与各危险化学品相对应的临界量，单位为吨；

$\beta_1, \beta_2, \cdots, \beta_n$——与各危险化学品相对应的校正系数；

α——该危险化学品重大危险源厂区外暴露人员的校正系数。

3. 校正系数 β 的取值

根据单元内危险化学品的类别不同，设定校正系数 β 值，如表2-1、表2-2所示。

表 2-1　校正系数 β 取值表

危险化学品类别	毒性气体	爆炸品	易燃气体	其他类
β	见表2-2	2	1.5	1

注：危险化学品类别依据《危险货物品名表》中分类标准确定。

表 2-2　常见毒性气体校正系数 β 取值表

毒性气体名称	一氧化碳	二氧化硫	氨	环氧乙烷	氯化氢	溴甲烷	氯
β 取值	2	2	2	2	3	3	4
毒性气体名称	硫化氢	氟化氢	二氧化氮	氰化氢	碳酰氯	磷化氢	异氰酸甲酯
β 取值	5	5	10	10	20	20	20

注：未在表中列出的有毒气体按 $\beta = 2$ 取值，剧毒气体按 $\beta = 4$ 取值。

4. 校正系数 α 的取值

根据重大危险源的厂区边界向外扩展500米范围内常住人口数量，设定厂外暴露人员校正系数 α 值，如表2-3所示。

表 2-3　校正系数 α 取值表

厂外可能暴露人员数量	α
100 人以上	2.0
50～99 人	1.5
30～49 人	1.2
1～29 人	1.0
0 人	0.5

注：危险化学品类别依据《危险货物品名表》中分类标准确定。

5. 分级标准

根据计算出来的 R 值，按表2-4确定危险化学品重大危险源的级别。

表 2-4　危险化学品重大危险源级别和 R 值的对应关系

危险化学品重大危险源级别	R 值
一级	$R \geqslant 100$
二级	$100 > R \geqslant 50$
三级	$50 > R \geqslant 10$
四级	$R < 10$

三、重大危险源安全管理

《危险化学品重大危险源辨识》(GB 18218—2009)出台后,相关部门出台了关于危险化学品重大危险源的安全管理条例,为有效预防和控制因重大危险源导致的事故起到指引和参考作用。

生产经营单位应建立健全重大危险源安全管理制度,制定安全管理技术措施。危险化学品相关生产经营单位应当建立健全应急救援组织,配备必要的应急救援器材、设备,并进行经常性维护、保养;较小规模的生产经营单位,虽然可以不建立应急救援部门,但应有配备兼职人员。

生产经营单位应按照国家相关法律法规及时完善重大危险源事故应急预案。针对重大危险源,生产经营单位每年至少开展一次综合应急演练或专项应急演练,须对应急人员做应急培训,使其全面掌握相关的安全技能。

生产经营单位应在重大危险源现场设置明显的安全警示标志。企业应有重大危险源安全管理的专项资金保障。根据重大危险源的等级建立安全监控系统或安全监控设施,并严格落实监控责任。配备必要的防护装置及应急救援器材、设备和物资等。定期对重大危险源进行检测、登记、建档。档案资料应包括以下几个。

(1)辨识、分级记录。

(2)重大危险源基本特征表。

(3)涉及的所有危险化学品安全技术说明书。

(4)区域位置图、平面布置图、工艺流程图和主要设备一览表。

(5)重大危险源安全管理规章制度及安全操作规程。

(6)安全检测监控系统、措施说明,检测、检验结果。

(7)安全评估报告或者安全评价报告。

(8)重大危险源关键装置、重点部位的责任人、责任机构名称。

(9)重大危险源场所安全警示标志的设置情况。

(10)其他文件、资料。

思政教学启示

进行安全评价要先明确对象,做好准备工作,然后进行危险危害因素识别与分析、定性及定量评价,再提出安全对策、形成安全评价结论及建议,最后编制成安全评价报告。对危险有害因素的识别是进行安全评价的基础,只有打好基础才能在后面的工作中有清晰的方向。

本节我们学习了重大危险源的定义以及分级的各项指标,大到整个系统、工作环境,小到简单的设备管路,生产中的隐患危险因素无处不在,需要我们系统地学习,也要求我们在今后的辨识危险有害因素的过程中进行全方位的考虑和系统全面的学习。

知识点总结

危险有害因素涉及的基本概念,危险有害因素的分类、辨识原则与方法,重大危险源的概念、辨识及其分级依据。

技 能 盘 点

了解危险有害因素的基本概念,熟悉危险有害因素的分类,掌握其辨识原则方法。掌握重大危险源的概念分级依据,对常见的危险源种类有基本认识。

思考与练习

1. 简述危险有害因素产生的原因。
2. 简要论述不同分类依据下的危险有害因素分类。
3. 简述辨识危险有害因素的原则。
4. 常用的危险有害因素辨识方法有哪些?
5. 我国对重大危险源是如何界定的?
6. 简要论述我国重大危险源的分类和分级。

第三章 评价单元的划分与选择

学习任务

1. 理解安全评价单元的概念。
2. 掌握评价单元划分的方法。
3. 使用危险度评价法和设备选择系数法进行评价单元选择。

第一节 评价单元的定义

一、评价范围与评价对象

（一）评价范围

评价范围是指评价机构对评价项目实施评价时，评价内容所涉及的领域（内容和时效）和评价对象所处的地理界限，必要时还包括评价责任界定。

评价范围主要为了确定评价项目所包含的必需工作。一方面评价范围与委托评价单位有密切的关系，另一方面评价范围还需遵循评价系统完整性的要求。若仅依据委托评价单位的要求确定评价范围，在实施评价时就可能因为评价系统不完整，从而无法得出较准确的评价结果和结论。

例如，对某新建项目进行安全预评价，其评价范围包括：评价内容仅涉及项目设计之前（时效）对新建项目的安全性进行预测并提出安全对策建议（内容）；评价地域为新建项目地址及周边区域（地理界限）；评价结论仅对实际施工建设落实设计上拟采取的安全措施和评价提出的安全对策建议时有效，评价安全对策属于建议，并非强制要求，企业建设时应根据项目实际情况进行调整（责任界定）。

评价范围的定义和说明，应该是评价机构、委托评价单位和相关方（政府管理部门）的共识，是进行安全评价的基础。评价范围的定义和说明必须写入安全评价合同和安全评价报告。

无原则地扩大评价范围，将使安全评价承担不可能担当的责任，属于危机转嫁，同时使安全评价结论无效。无原则地缩小评价范围，则使安全评价不能反映系统整体的安全状况，降低了评价结论的可信度。

（二）评价对象

评价对象是进行安全评价的特定对象，它既可以是一个工艺系统，也可以是一个工艺范围内的所有生产系统。

评价对象的内容包括以下几项内容。

1. 评价目的

评价目的在性质上决定了评价范围。评价机构在接受评价委托前,需了解委托单位进行安全评价的目的。当有多个安全评价目的时,也总有一个需重点突出的目的。例如,某企业的安全评价目的是获得国家的安全生产许可,但也附带了解本企业的安全生产状况,或者求证该单位制定的安全措施是否满足要求等目的。

因此,确定评价目的是评价机构根据安全评价的特点,对委托评价单位的"评价目的"进行调整,使之与安全评价的技术行为相匹配。

2. 评价类型

评价类型分为两种:一种是前瞻性的评价,主要是指"安全预评价",预测评价项目未来的安全性;另一种是实时性的评价,主要是指"安全实时评价",判定评价项目当前的安全性。安全实时评价,又可细分为安全验收评价和安全现状评价。

3. 评价系统

系统是指集合了若干相互依存和相互制约要素、为实现特定目的而组成的有机整体。系统由许多要素构成,系统最重要的特性是"整体性"。系统的整体性表现在系统内部各要素之间及系统与外部环境之间保持着有机的联系。

系统整体性包括:目的性、边界性、集合性、有机性、层次性、调节性和适应性。评价系统包含评价边界和评价内容的信息,分析评价系统就是对需要进行安全评价的系统进行分析。先分析系统的结构,也就是分析系统内部各要素之间的联系;再分析系统的功能,也就是分析系统与外部环境之间的联系。要素、系统、环境三个层次由结构和功能两种联系相连,形成一个有机整体。

确定评价范围,要兼顾系统的整体性,必须先要分析要素、系统、环境、结构和功能,再分析为之配套的安全设施和安全生产条件,让系统的整体性体现在评价范围之中。如果评价范围不能包括整个系统,则必须做出清晰的界定,并且说明可能导致的评价结果的偏差。

4. 评价主线

评价主线是指安全评价的基本工作必须涉及的评价内容。安全评价的基本工作包括以下几点。

(1) 危险有害因素的识别。辨识出评价系统内涉及的危险有害因素,确定其存在的部位、方式,以及发生作用的途径及其变化规律。分析危险有害因素导致事故发生的触发条件,以及事故发生的概率,以判定事故发生的可能性。

(2) 系统安全性评价。以危险有害因素存在的"严重性"和触发条件出现的"可能性"确定事故隐患,再与人员和财产损失的"破坏性"合并分析,确定发生事故风险。

(3) 提出安全控制对策措施。安全评价对"事故隐患"和"不可接受"的风险,提出安全控制对策措施,主要考虑三个方面:控制危险源、控制触发条件及控制人员和财产。

(4) 后系统安全性评价。进一步估计系统在落实安全补偿对策后,系统的风险是否降至"可接受"范围内。

确定评价范围要顺着评价主线,不能忽视评价主线涉及的关键内容。如果委托评价单位的评价目的涉及范围未覆盖评价系统主线,评价机构应做出说明,并将评价主线的内容列入评价范围。

二、评价单元的概念及意义

一个作为评价对象的建设项目、装置(系统),一般是由相对独立又相互联系的若干部分(子系统、单元)组成,各部分的功能、含有的物质、存在的危险因素和有害因素、危险性和危害性及安全指标不尽相同。美国陶氏化学公司在火灾爆炸危险指数评价法中称:"多数工厂是由多个单元组成的,在计算该类工厂的火灾爆炸指数时,只选择那些对工艺有影响的单元进行评价,这些单元可称为评价单元。"

评价单元是在危险有害因素辨识与分析的基础上,根据评价目标和评价方法的需要,将系统分成若干有限确定范围、可分别进行评价和相对独立的单元。以整个系统作为评价对象实施评价时,一般按一定原则将评价对象分成若干有限的、范围确定的单元,然后分别进行评价,最后综合成为对整个系统的评价。

将系统划分为不同类型的评价单元进行评价,不但可以简化评价工作,减少评价工作量,避免遗漏,而且由此能够得出各评价单元危险性(危害性)的比较概念,从而提高安全评价的准确性,有针对性地采取安全对策措施。

思政教学启示

企业在提升安全水平的过程中,需要统筹考虑各种影响因子,进行综合治理。既要立足于本企业安全生产实际,尊重安全发展规律,又要综合考虑企业各个系统思维体系之间的相互影响。除统筹考虑内部安全要素外,企业还应将自身安全生产生态视为一个相对稳定又始终开放的系统。如果企业仅是基于"头疼医头、脚疼医脚"的单要素思维模式解决安全生产过程中出现的问题,那必然会使安全工作出现"剪不断理还乱"的状态。对此,企业在安全管理中采用系统思维方法,对认识安全事故与各因素之间的因果联系,科学分析安全生产管理系统,实现安全生产目标具有重要的现实意义。

第二节   评价单元划分的原则与方法

一、划分评价单元的基本原则

划分评价单元是为了服务于评价目标和评价方法,为了便于评价工作的进行并提高评价工作的准确性。评价单元的划分一般须有机结合生产工艺、工艺装置、物料的特点,以及与危险有害因素的类别等进行划分,还可以按评价的需要将一个评价单元再划分为若干子评价单元或更细致的单元。

划分评价单元并没有统一的标准,通常会出现不同的评价人员对同一个评价对象划分出不同的评价单元的现象。但只要能够达到评价的目的,评价单元的划分就无须绝对一致,评价人员可根据评价目标的不同、评价方法的选择来划分评价单元。《安全预评价导则》(AQ 8002—2007)要求评价单元划分应考虑安全预评价的特点,以自然条件、基本工艺条件、危险有害因素分布及状况、便于实施评价为原则进行；《安全验收评价导则》(AQ 8003—2007)则要求"划分评价单元应符合科学、合理的原则"。

但无论如何划分评价单元,均需遵守划分评价单元的基本原则如下。

(1) 各评价单元的生产过程相对独立。

(2) 各评价单元在空间上相对独立。

(3) 各评价单元的范围相对固定。

(4) 各评价单元之间具有明显的界限。

以上几项原则并不是孤立的,而是有内在联系的,划分评价单元时应综合考虑各方面的因素进行划分;划分评价单元,依据系统分解原理,依据先分解、再综合的原则,对被评价系统合理划分评价单元,各个单元相对独立并能够覆盖全部评价范围;评价单元一般可按(但不限于)以下方式划分:项目选址、总图布置、工艺过程、原料产品、设备设施、安全管理。

二、评价单元划分的方法

评价单元的划分方法通常有以下四类。

(一) 以危险有害因素的类别划分评价单元

(1) 在进行工艺方案、总体布置及自然条件、社会环境对系统影响等方面的分析和评价时,可将整个系统作为一个评价单元。

(2) 将具有共性危险有害因素的场所和装置划分为一个评价单元,再按工艺、物料、作业特点划分成子单元分别评价。

(二) 以装置和物质的特征划分评价单元

(1) 按照装置工艺功能划分评价单元。

其包括原料储存区域、反应区域、产品蒸馏区域、吸收或洗涤区域、中间产品储存区域、产品储存区域、运输装卸区域、催化剂处理区域、副产品处理区域、废液处理区域、通入装置区的主要配管桥区域、其他(过滤、干燥、固体处理、气体压缩等)区域。

(2) 按照装置工艺功能划分评价单元。

① 可以将防火墙、防火堤、隔离带或安全距离等与其他装置隔开的区域或装置作为一个评价单元。

② 在储存区域内,将在一个共同的建(构)筑物内的储罐或储存空间作为一个评价单元。

(3) 按工艺条件划分评价单元。

① 按操作温度、压力范围的不同来划分评价单元。

② 按开车、加料、卸料、正常运转、加入添加剂、检修、停车等不同作业条件来划分评价单元。

(4) 按所储存及处理危险物质的潜在化学能、毒性和危险物质的数量划分评价单元。

① 在一个储存区域内储存不同危险物质时,为了能够正确识别其相对危险性,可按照危险物质的类别划分成不同的评价单元。

② 为避免夸大评价单元的危险性,评价单元内的可燃、易燃、易爆等危险物质应有最低限量。美国陶氏化学公司"火灾、爆炸危险指数评价法(第 7 版)"中就要求:评价单元内可燃、易燃、易爆等危险物质的最低限量为 2270kg 或 2.27m³;小规模试验工厂上述物质的最低限量为 454kg 或 0.545m³。若低于该要求,不能列为评价单元。

(5)根据以往事故资料划分评价单元。

① 可将发生事故时能导致停产、波及范围大、造成巨大损失和伤害的关键设备作为一个评价单元。

② 可将危险有害因素大且资金密度大的区域作为一个评价单元。

③ 可将危险有害因素特别大的区域、装置作为一个评价单元。

④ 可将具有类似危险性潜能的单元合并为一个大的评价单元。

(三)依据各种评价方法的有关规定划分评价单元

故障假设分析方法按问题分门别类,如按照电气安全、消防、人员安全等问题分类划分评价单元;模糊综合评价法须从不同角度(或不同层面)划分评价单元,再根据每个单元中多个制约因素对事物做综合评价,建立各评价集。

(四)以一个企业(或项目)主、辅关系划分评价单元

安全验收评价时,如生产经营场地周边环境及总平面布置、生产工艺及设备、特种设备及强检设施、电气设施及自动控制、消防设施、公用工程及辅助设施、作业场所危险有害因素控制及常规防护、安全生产管理等评价,这样的评价单元划分办法即是以企业(或项目)主、辅关系来划分,也是常用的一种评价单元划分方法。

思政教学启示

本节主要学习评价单元划分的原则与方法,在各类生产系统中,并没有通用的规则进行评价单元的划分,安全评价人员需要根据项目的特点、评价的目的等因素综合进行判断,需要很强的理论和实践能力,这就需要安全评价人员树立终身学习的理念,不断提升自身的专业水平,才能更好更准确地进行安全评价。

第三节 评价单元的选择

根据评价目的,既可对辨识出的所有危险单元开展定量安全评价,也可对辨识出的危险单元进行初步评价并选择需要进行定量安全评价的单元,选择的评价单元应能代表评价对象的风险水平。评价单元选择可采用危险度评价法和设备选择系数法。

一、危险度评价法

危险度评价法是以各单元的物质、容量、温度、压力和操作五项指标进行评定,每一项又分为 A、B、C、D 四个类别,分别给定 10 分、5 分、2 分、0 分,最后根据这些分值之和来评定该单元的危险程度等级。主要应用于化工企业的评价单元选择。危险度评价取值表如表 3-1 所示。

表 3-1 危险度评价取值表

工程	分 值			
	A(10 分)	B(5 分)	C(2 分)	D(0 分)
物质(系指单元中危险有害程度最大的物质)	1. 甲类可燃气体①; 2. 甲 A 类物质及液态烃类; 3. 甲类固体; 4. 极度危害物质②	1. 乙类可燃气体; 2. 甲 B、乙 A 类可燃液体; 3. 乙类固体; 4. 高度危害物质	1. 乙 B、丙 A、丙 B 类可燃液体; 2. 丙类可燃固体; 3. 中、轻度危害物质	不属于左述之 A、B、C 项之物质
容量③	1. 气体在 1000m³ 以上; 2. 液体在 100m³ 以上	1. 气体在 500~1000m³; 2. 液体在 50~100m³	1. 气体在 100~500m³; 2. 液体在 10~50m³	1. 气体<100m³; 2. 液体<10m³
温度	1000℃ 以上使用,其操作温度在燃点以上	1. 1000℃ 以上使用,但操作温度在燃点以下; 2. 在 250~1000℃ 使用,其操作温度在燃点以上	1. 在 250~1000℃ 使用,其操作温度在燃点以下; 2. 在低于 250℃ 时使用,操作温度在燃点以上	在低于 250℃ 时使用,操作温度在燃点以下
压力	100MPa	20~100MPa	1~20MPa	1MPa 以下
操作	1. 临界放热和特别剧烈的放热反应操作; 2. 在爆炸极限范围内或其附近操作	1. 中等放热反应(如烷基化、酯化、加成、氧化、聚合、缩合等反应)操作; 2. 系统进入空气或不纯物质,可能发生危险的操作; 3. 使用粉状或雾状物质,有可能发生粉尘爆炸的操作; 4. 单批式操作	1. 轻微放热反应(如加氢、水合、异构化、烷基化、磺化、中和等反应)操作; 2. 在精制过程中伴有化学反应; 3. 单批式操作,但开始使用机械等手段进行程序操作; 4. 有一定危险的操作	无危险操作
总分值	≥16 分	11~15 分	≤10 分	
等级	Ⅰ	Ⅱ	Ⅲ	
危险程度	高度危险	中度危险	低度危险	

注:1. 见《石油化工企业设计防火规范》(GB 50160—2018)中可燃物质的火灾危险性分类。

2. 见《压力容器中化学介质毒性危害和爆炸危险程度分类》(HG 20660)表 1、表 2、表 3。

3. 有触媒的反应,应去掉触媒所占空间;气液混合反应,应按其反应的相态选择上述规定。

二、设备选择系数法

设备选择系数法是根据单元中危险物质的量和工艺条件,来表征该单元的相对危险性,流程示意图如图 3-1 所示。具体步骤如下。

(1)将企业划分为独立的单元。

(2)计算单元的指示数 A,它表征了单元的固有危险,$A = f$(危险物质的质量,工艺条件,物质属性)。

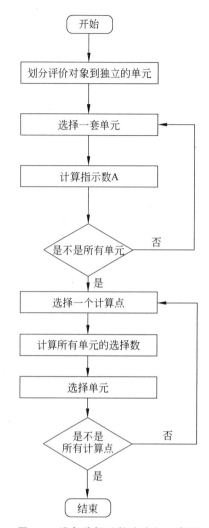

图 3-1　设备选择系数法流程示意图

（3）计算企业周边系列点上单元造成的危险。该点的危险用选择数 S 来表征，它是指示数 A 和该点与装置的距离 L 的函数，$S=f(A,L)$。

（4）根据选择数 S 的相对大小，选择需进行定量风险评价的单元。

1. 单元划分

划分单元的主要原则如下。

（1）独立单元是指该单元内物质的泄漏不会导致相邻其他单元的物质大量释放。如果事故发生时，两个单元能够在非常短的时间内切断，则它们可划分为相互独立的单元。

（2）区分工艺单元和储存单元。对于储存单元，如储罐，即使包含循环系统和热交换系统，它仍将作为一个独立的储存单元对待。

2. 计算指示数 A

指示数 A 为无因次量,由式(3-1)计算,表征了单元的固有危险。

$$A = f(Q, Q_1, Q_2, Q_3, G) = \frac{Q \times Q_1 \times Q_2 \times Q_3}{G} \qquad (3-1)$$

式中,Q——单元中物质的质量,单位为 kg;

$\quad Q_1$——工艺条件因子,用以表征单元的类型,即工艺单元或储存单元;

$\quad Q_2$——工艺条件因子,用以表征单元的布局以及防止物质扩散到环境的措施;

$\quad Q_3$——工艺条件因子,用以表征单元中物质释放后,气相物质的量(基于单元的工艺温度、物质常压沸点、物质的相态和环境温度),工艺条件因子只适用于有毒物质和可燃物质,对于爆炸物质(炸药、火药等),$Q_1 = Q_2 = Q_3 = 1$,则 $A = Q/G$;

$\quad G$——阈值,它表征了物质的危险度,由物质的物理属性和毒性、燃烧爆炸性所决定。

(1)工艺条件因子 Q_1

Q_1 的取值如表 3-2 所示。

表 3-2　Q_1 取值一览表

单 元 类 型	Q_1
工艺单元	1
储存单元	0.1

(2)工艺条件因子 Q_2

Q_2 的取值如表 3-3 所示。

表 3-3　Q_2 取值一览表

单元的布置和防护措施	Q_2
室外单元	1.0
封闭式单元	0.1
单元有围堰,工艺温度 $T_p \leqslant$ 沸点 $T_{bp} + 5℃$	1
单元有围堰,工艺温度 $T_p >$ 沸点 $T_{bp} + 5℃$	0.1

注:1. 对于储存单元,工艺温度可视为储存温度。

2. 封闭式单元应能阻止物质泄漏时扩散到环境中。它要求封闭设施应能承受装置物质瞬时释放的物理压力,此外封闭设施应能极大地降低物质直接释放到环境中。如果封闭设施能够使释放到大气环境中的物质数量降低到 1/5 以下,或者封闭设施能够将释放物导向安全地点,那么这样的单元可以考虑为封闭,否则它应该作为一个室外单元。

3. 围堰应能阻止物质扩散到环境中。对于能够容纳液体,并能承受载荷的双层封闭设施,可作为围堰考虑,如双防常压罐、全防常压储罐、地下常压罐和半地下常压罐。

(3)工艺条件因子 Q_3

工艺条件因子 Q_3 取值如表 3-4 所示。

表 3-4 Q_3 取值一览表

物 质 相 态		Q_3
物质为气态		10
物质为液态	1. 工艺温度下饱和蒸汽压≥3×10^5Pa	10
	2. 1×10^5Pa≤工艺温度下饱和蒸汽压<3×10^5Pa	$X+\Delta$
	3. 工艺温度下饱和蒸汽压<1×10^5Pa	$P_i+\Delta$
物质为固态		0.1

注：1. 表中压力为绝对压力。

2. $X=45\times P_{sat}-3.5$，P_{sat}为饱和蒸汽压(MPa)，P_i为工艺温度下物质的蒸汽分压。

3. Δ 表征环境与液池之间的热传导致的液池蒸发增量。Δ 由常压沸点 T_{bp} 决定，Δ 取值见表 3-5。对危险物质混合物应该使用 10% 蒸馏温度点作为常压沸点，即在此温度下混合物的 10% 被蒸馏掉。

4. 对于溶解在非危险性溶剂里的危险物质，应使用工艺温度下饱和蒸汽压中的危险物质的分压。

5. 0.1≤Q_3≤10。

表 3-5 Δ 取值一览表

T_{bp}	Δ
$-25℃$≤T_{bp}	0
$-75℃$≤T_{bp}<$-25℃$	1
$-125℃$≤T_{bp}<$-75℃$	2
T_{bp}<$-125℃$	3

3. 阈值 G

(1) 有毒物质的阈值。有毒物质的阈值由致死浓度 LC_{50}（老鼠吸入 1h 半数死亡的浓度）和 25℃下物质的相态决定，取值如表 3-6 所示。

表 3-6 有毒物质阈值表

$LC_{50}/(mg/m^3)$	25℃时物质的相态	阈值 G/kg
LC_{50}≤100	气相	3
	液相(L)	10
	液相(M)	30
	液相(H)	100
	固态	300
$100<LC_{50}$≤500	气相	30
	液相(L)	100
	液相(M)	300
	液相(H)	1000
	固态	3000
$500<LC_{50}$≤2000	气相	300
	液相(L)	1000
	液相(M)	3000

$LC_{50}/(mg/m^3)$	25℃时物质的相态	阈值 G/kg
$500 < LC_{50} \leqslant 2000$	液相（H）	10000
	固态	∞
$2000 < LC_{50} \leqslant 20000$	气相	3000
	液相（L）	10000
	液相（M）	∞
	液相（H）	∞
	固态	∞
$LC_{50} > 20000$	所有相	∞

注：1. 液相（L）表示，25℃≤物质常压沸点<50℃。

2. 液相（M）表示，50℃<物质常压沸点≤100℃。

3. 液相（H）表示，物质常压沸点>100℃。

（2）可燃物的阈值。可燃物是指在系统中，工艺温度不小于其闪点的可燃物质。可燃物的阈值 $G = 1 \times 10^4 \text{kg}$。

（3）爆炸物质的阈值。爆炸物质的阈值等于 1000kg TNT 当量的爆炸物的质量。

4. 计算指示数 A_i

对于单元中物质 i 的指示数 A_i，由式(3-2)计算。

$$A_i = \frac{Q_i Q_1 Q_2 Q_3}{G_i} \tag{3-2}$$

式中，Q_i——单元中物质 i 的质量，单位为 kg；

G_i——物质 i 的阈值，单位为 kg。

如果单元中出现多种物质和工艺条件，则必须对每种物质和每种工艺条件进行计算，计算时应将物质划分为可燃物、有毒物质和爆炸物质三类，分别计算可燃指示数 A^F、毒性指示数 A^T 和爆炸指示数 A^E，计算公式见式(3-3)~式(3-5)。

$$A^F = \sum_{i,P} A_{i,P} \tag{3-3}$$

$$A^T = \sum_{i,P} A_{i,P} \tag{3-4}$$

$$A^E = \sum_{i,P} A_{i,P} \tag{3-5}$$

式中，i——各类物质；

P——工艺条件。

一个单元可能有三个不同的指示数。此外，如该物质既属于可燃物又有毒性，则应分别计算该物质的 A^T、A^F。

5. 计算选择数 S

选择数 S，由式(3-6)~式(3-8)进行计算：

$$S^T = \left(\frac{100}{L}\right)^2 A^T \tag{3-6}$$

$$S^F = \left(\frac{100}{L}\right)^3 A^F \qquad\qquad (3\text{-}7)$$

$$S^E = \left(\frac{100}{L}\right)^3 A^E \qquad\qquad (3\text{-}8)$$

式中，L——计算点离单元的实际距离，单位为 m，最小值为 100m。

对于每个单元，应至少在企业边界上选择 8 个计算点进行选择数计算。相邻两点的距离不能超过 50m。除计算企业边界上的选择数外，对于最靠近装置的、已存在的或计划修建的社区，也应计算选择数 S。

6. 选择单元

如果单元满足下列条件之一，则应进行定量风险评价：

(1) 对于企业边界上某点，该单元的选择数较大，并大于该点最大选择数的 50%；

(2) 某单元对附近已存在或计划修建的社区的选择数大于其他单元的选择数；

(3) 有毒物质单元的选择数与最大的选择数处于同一数量级。

案例

为帮助同学们更好地了解安全评价单元划分的内容，以某项目安全评价项目为例，列出其评价报告目录，使大家了解安全评价单元的划分。

某加油站占地面积 10000m²，属于二级防火单位。加油站主要经营汽油和柴油，站内有 6 台加油机，其中有汽油加油机 2 台、柴油加油机 4 台，均为税控双枪加油机。现有员工 15 人，岗位 4 个，分别为站长 1 人、保管 1 人、统计员 1 人、加油工 12 人。

加油站现有储油罐 5 个、30m³ 汽油罐 2 座、30m³ 柴油罐 3 座，加油站总容积为 105m³（柴油罐容积折半计算），依据《汽车加油加气站设计与施工规范》（GB 50156—2012），该加油站为二级加油站。

根据预先危险性分析方法的要求，结合加油站作业过程的特点，其评价单元划分如表 3-7 所示。

表 3-7　评价单元划分

评 价 单 元	子 单 元
卸油作业	油罐槽车
加油作业	加油机、加油车辆
油品存储	储油罐
维修作业	—
其他	—

思政教学启示

本节主要学习了两种选择评价单元的定量分析方法。定量方法是运用基于大量的实验结果和广泛的事故资料统计分析获得的指标或规律（数学模型），对生产系统的工艺、设备、设施、环境、人员和管理等方面的状况进行定量的计算，根据定量计算的结果，合理选择评价单元。相比较定性分析法，更加易于选择，结果更加明确。

安全评价是一门不断发展和完善的技术,逐步从定性分析方法向定量分析方法转变,分析方法的发展需要大量的基础数据和现场工作实践,安全评价人员需不断积累经验和数据,总结评估各类方法的应用效果,逐步完善定量分析方法。

知识点总结

评价单元的概念、划分评价单元的基本原则和基本方法、危险度评价法进行评价单元选择、设备选择系数法进行评价单元选择。

技 能 盘 点

了解评价范围、评价对象和评价单元的概念,能够区分三者间的联系和区别,掌握评价单元划分的方法,能使用危险度评价法和设备选择系数法进行评价单元的选择。

思考与练习

1. 简述安全评价的范围以及其与评价对象的区别。
2. 简述评价单元划分的基本原则。
3. 几种评价单元划分的方法的区别和联系是什么?
4. 危险度评价法将评价单元分为几个危险等级?哪个等级应当优先作为评价单元?
5. 简述设备选择系数法进行评价单元选择的流程。

第四章　安全评价方法的选择与使用

学习任务

1. 了解并掌握安全评价方法的分类，能够依据不同情况选择合适的安全评价方法。

2. 正确表述常见的安全评价方法的基本概念，包括安全检查与安全检查表法、事件树分析、故障树分析、失效模式和效应分析、预先危险性分析、风险指数、危险与可操作性分析、风险矩阵等。

3. 按照正确操作步骤使用安全评价方法。

第一节　安全评价方法分类及选择

安全评价方法分类的目的是根据安全评价对象和要达到的评价目标选择适用的评价方法。安全评价方法的分类方法有很多，常用的有按照实施阶段分类、按照评价结果的量化程度分类，以及按照安全评价的逻辑推理过程分类、按照安全评价要达到的目的分类等其他分类方法。

一、按照实施阶段分类

按照国家安全评价行业标准《安全评价通则》(AQ 8001—2007)，安全评价按照实施阶段的不同，分为安全预评价、安全验收评价和安全现状评价三类。

（一）安全预评价

安全预评价是在建设项目可行性研究阶段、工业园区规划阶段或生产经营活动组织实施之前，根据相关的基础资料，辨识与分析建设项目、工业园区、生产经营活动潜在的危险有害因素，确定其与安全生产法律法规、规章、标准、规范的符合性，预测发生事故的可能性及其严重程度，提出科学、合理、可行的安全对策措施建议，做出安全评价结论的活动。

安全预评价对落实建设项目安全生产"三同时"、制订工业园区建设安全生产规划、降低生产经营活动事故风险提供技术支撑。安全预评价是应用安全评价的原理和方法对系统(建设项目、工业园区、生产经营活动)中存在的危险有害因素及其危害性进行预测性评价。为保障评价对象建成或实施后能安全运行，安全预评价应从评价对象的总图布置、功能分布、工艺流程、设施、设备、装置等方面提出安全技术对策措施；从评价对象的组织机构设置、人员管理、物料管理、应急救援管理等方面提出安全管理对策措施；从保证评价对象安全运行等方面提出其他安全对策措施。

安全预评价结论应简要列出主要危险有害因素评价结果，指出评价对象应重点防范的重大危险有害因素,明确应重视的安全对策措施建议,明确评价对象潜在的危险有害因素在采取安全对策措施后,能否得到控制以及受控的程度如何,给出评价对象从安全生产角度是否符合国家有关法律法规、标准、规章、规范的要求。

通过安全预评价形成的安全预评价报告,将作为建设项目报批的文件之一,向政府安全生产监管、监察及行业主管部门提供的同时,也提供给建设单位、设计单位、业主,作为项目最终设计的重要依据文件之一。建设单位、设计单位、业主在项目设计阶段、建设阶段和运营阶段,必须落实安全预评价所提出的各项措施,切实做到建设项目在设计中的"三同时"。

（二）安全验收评价

安全验收评价是在建设项目竣工后且正式生产运行前或工业园区建设完成后,通过检查建设项目安全设施与主体工程同时设计、同时施工、同时投入生产和使用的情况或工业园区内的安全设施、设备、装置投入生产和使用的情况,检查安全生产管理措施到位情况,检查安全生产规章制度健全情况,检查事故应急救援预案建立情况,审查确定建设项目、工业园区建设与安全生产法律法规、规章、标准、规范要求的符合性,从整体上确定建设项目、工业园区的运行状况和安全管理情况,做出安全验收评价结论的活动。

安全验收评价通过对建设项目、工业园区实际存在的危险有害因素引发事故的可能性及其严重程度进行预测性评价,评价对象运行后存在的危险有害因素及其危险危害程度,明确给出评价对象是否具备安全验收的条件,对达不到安全验收要求的评价对象明确提出整改措施建议。

安全验收评价是为安全验收进行的技术准备。在安全验收评价中要查看评价对象前期(可行性研究报告、安全预评价、初步设计中安全设施设计专篇等)对安全生产保障等内容的实施情况和相关对策措施、建议的落实情况,评价对象的安全对策措施的具体设计、安装施工情况有效保障程度,评价对象的安全对策措施在试投产中的合理有效性和安全措施的实际运行状况,评价对象的安全管理制度和事故应急预案的建立与实际开展和演练有效性。最终形成的安全验收评价报告将作为建设单位向政府安全生产监督管理机构申请建设项目安全验收审批的依据。另外,通过安全验收评价还可检查生产经营单位的安全生产保障、安全管理制度,确认《安全生产法》的落实。

（三）安全现状评价

安全现状评价是针对生产经营活动中、工业园区内的事故风险、安全管理等情况,辨识与分析其存在的危险有害因素,审查确定其与安全生产法律法规、规章、标准、规范要求的符合性,预测发生事故或造成职业危害的可能性及其严重程度,提出科学、合理、可行的安全对策措施、建议,做出安全现状评价结论的活动。

安全现状评价既适用于对一个生产经营单位或一个工业园区的评价,也适用于对某一特定的生产方式、生产工艺、生产装置或作业场所的评价。

这种对在生产经营中、工业园区内的事故风险及安全管理等状况进行的现状评价,是根据政府有关法律法规、规章、标准、规范的规定或是根据生产经营单位安全管理的要求进行的,主要内容如下。

（1）全面收集安全评价所需的国内外相关法律法规、标准、规章、规范等信息资料，采用合适的安全评价方法，对评价对象发生事故的可能性及其严重程度进行定性、定量评价。

（2）对于可能造成重大后果的事故隐患，采用相应的评价数学模型，进行事故模拟，预测极端情况下的影响范围，分析事故的最大损失，以及发生事故的概率。

（3）依据危险有害因素辨识结果与定性、定量评价结果，遵循针对性、技术可行性、经济合理性的原则，提出消除或减弱危险、危害的技术和管理措施建议。

（4）按照针对性和重要性的不同提出整改措施与建议，可分为应采纳和宜采纳两种类型。形成的安全现状评价报告的内容应纳入生产经营单位安全隐患整改和安全管理计划，并按计划加以实施和检查。

二、按照评价结果的量化程度分类

按照安全评价结果的量化程度，安全评价方法可分为定性安全评价方法和定量安全评价方法。

（一）定性安全评价方法

定性安全评价方法主要是根据经验和直观判断能力对生产系统的工艺、设备、设施、环境、人员和管理等方面的状况进行定性的分析，安全评价的结果是一些定性的指标，如是否达到了某项安全指标、事故类别和导致事故发生的因素等。属于定性安全评价方法的有安全检查表法、专家现场询问观察法、作业条件危险性评价法（LEC法或格雷厄姆金尼法，属于半定量安全评价方法）、故障类型和影响分析、危险可操作性研究等。

定性安全评价方法的优点是容易理解、便于掌握、评价过程简单。目前定性安全评价方法在国内外企业安全管理工作中被广泛使用。但定性安全评价方法往往依靠经验，带有一定的局限性，安全评价结果有时会因参加评价人员的经验和经历等有相当的差异。同时，由于定性安全评价结果不能给出量化的危险度，所以不同类型的对象之间安全评价结果缺乏可比性。

（二）定量安全评价方法

定量安全评价方法是运用基于大量的实验结果和广泛的事故资料统计分析获得的指标或规律（数学模型），对生产系统的工艺、设备、设施、环境、人员和管理等方面的状况进行定量的计算，安全评价的结果是一些定量的指标，如事故发生的概率、事故的伤害（或破坏）范围、定量的危险性、事故致因因素的事故关联度或重要度等。

按照安全评价给出的定量结果的类别不同，定量安全评价方法还可以分为概率风险评价法、伤害（或破坏）范围评价法和危险指数评价法。

（1）概率风险评价法。概率风险评价法是根据事故的基本致因因素的事故发生概率，应用数理统计中的概率分析方法，得到事故基本致因因素的关联度（或重要度）或整个评价系统的事故发生概率的安全评价方法。故障类型及影响分析、故障树分析、统计图表分析法等都可以由基本致因因素的事故发生概率计算整个评价系统的事故发生概率，都属于此类方法。概率风险评价法是建立在大量的实验数据和事故统计分析基础之上的，因此评价结果的可信程度较高。由于能够直接给出系统的事故发生概率，因此便于各系统可能性大小的比较。特别是对于同一系统,该类评价方法可以给出发生不同事故的概率、不同事故致因因素的重要度,便于对不同事故的可能性和不同致因因素重要性进行比较。

但该类评价方法要求数据准确、充分,分析过程完整,判断和假设合理,因此概率风险评价法不适用于基本致因因素不确定或基本致因因素事故概率不能给出的系统。但是,随着计算机在安全评价中的应用,模糊数学理论、灰色系统理论和神经网络理论已经应用到安全评价之中,弥补了该类评价方法的一些不足,扩大了该类评价方法的应用范围。

(2)伤害(或破坏)范围评价法。伤害(或破坏)范围评价法是根据事故的数学模型,应用数学计算方法,获得事故对人员的伤害范围或对物体的破坏范围的安全评价方法。

主要方法包括:液体泄漏模型、气体泄漏模型、气体绝热扩散模型、池火火焰与辐射强度评价模型、火球爆炸伤害模型、爆炸冲击波超压伤害模型、蒸气云爆炸超压破坏模型、毒物泄漏扩散模型和锅炉爆炸伤害 TNT 当量法。

伤害(或破坏)范围评价法只要计算模型以及计算所需要的初值和边值选择合理,就可以获得可信的评价结果。评价结果是事故对人员的伤害范围或(和)对物体的破坏范围,因此评价结果直观、可靠。其评价结果可用于危险性分区,也可用于进一步计算伤害区域内的人员及其人员的伤害程度、破坏范围内物体损坏程度和直接经济损失。

但该类评价方法计算量较大,需要使用计算机进行计算,特别是计算的初值和边值选取往往比较困难,而且评价结果对评价模型、初值和边值的依赖性很强,评价模型或初值和边值选择稍有不当或偏差,评价结果就会出现较大的失真,对评价结果造成很大影响。因此,该类评价方法只适用于系统的事故模型及初值和边值比较确定的安全评价。

(3)危险指数评价法。危险指数评价法是应用系统的事故危险指数模型,根据系统及其物质、设备(设施)、工艺的基本性质和状态,采用推算的办法,逐步给出事故的可能损失、引起事故发生或使事故扩大的设备、事故的危险性以及采取安全措施的有效性的安全评价方法。常用的危险指数评价法有道化学公司火灾、爆炸危险指数评价法,蒙德火灾、爆炸、毒性指数评价法,易燃、易爆、有毒重大危险源评价法等。

危险指数评价法一般将有机联系的复杂系统按照一定的原则划分为相对独立的若干个评价单元,针对每个评价单元逐步推算事故可能损失和事故危险性以及采取安全措施的有效性,再比较不同评价单元的评价结果,确定系统最危险的设备和条件。评价指数值同时含有事故发生的可能性和事故后果两方面的因素,克服了事故概率和事故后果难以确定的缺点。

危险指数评价法不足之处在于采用的安全评价模型对系统安全保障设施(或设备、工艺)的功能重视不够,评价过程中的安全保障设施(或设备、工艺)的修正系数一般只与设施(或设备、工艺)的设置条件和覆盖范围有关,而与设施(或设备、工艺)的功能多少、优劣等无关。特别是该评价方法忽略了系统中的危险物质和安全保障设施(或设备、工艺)间的相互作用关系,而且在给定各因素的修正系数后,这些修正系数只是简单地相加或相乘,忽略了各因素之间重要度的不同。因此,只要系统中危险物质的种类和数量基本相同,系统工艺参数和空间分布基本相似,即使不同系统因服务年限有很大不同而造成实际安全水平已经有了很大的差异,采用该类评价方法所得评价结果也基本相同,只是评价的灵活性和敏感性会较差。

三、其他分类方法

（一）按照安全评价的逻辑推理过程分类

按照安全评价的逻辑推理过程，安全评价方法可分为归纳推理评价法和演绎推理评价法。

（1）归纳推理评价法。归纳推理评价法是从事故原因推论结果的评价方法，即从最基本危险有害因素开始，逐渐分析出导致事故发生的直接因素，最终分析到可能的事故。

（2）演绎推理评价法。演绎推理评价法是从结果推论事故原因的评价方法，即从事故开始，推论导致事故发生的直接因素，再分析与直接因素相关的间接因素，最终分析和查找出导致事故发生的最基本危险有害因素。

（二）按照安全评价要达到的目的分类

按照安全评价要达到的目的，安全评价方法可分为事故致因因素安全评价法、危险性分级安全评价法和事故后果安全评价法。

（1）事故致因因素安全评价法。事故致因因素安全评价法是采用逻辑推理的方法，由事故推论最基本危险有害因素或由最基本危险有害因素推导事故的评价方法。该类方法适用于识别系统的危险有害因素和分析事故，一般属于定性安全评价法。

（2）危险性分级安全评价法。危险性分级安全评价法是通过定性或定量分析给出系统危险性的安全评价方法。该类方法适用于系统的危险性分级，既可以是定性的安全评价方法，也可以是定量的安全评价方法。

（3）事故后果安全评价法。事故后果安全评价法可以直接给出定量的事故后果，给出的事故后果可以是系统事故发生的概率、事故的伤害（或破坏）范围、事故的损失或定量的系统危险性等。

（三）按照研究对象的内容分类

（1）工厂设计的危险性评审。在设计阶段，对新建企业和应用新技术中的不安全因素进行评价，使其消除。

（2）安全管理的有效性评价。主要是对安全管理组织机构的效能、事故的伤亡率、损失率、投资效益等进行评价。

（3）生产设备的可靠性评价。主要是对机器设备、装置和部件的故障和人机系统进行设计，并应用系统工程方法进行安全、可靠性的评价。

（4）作业行为危险性评价。对人的不安全心理状态的发现和人体操作的可靠度，通过行为测定评价其安全性。

（5）作业环境和环境质量评价。主要是作业环境对人的安全与健康的影响和工厂排放物对环境的影响。

（6）化学物质的物理化学危险性评价。主要是对化学物质在加工生产、运输、储存中存在的物理化学危险性或已发生的火灾、爆炸、中毒等安全问题进行评价。

（四）按照评价对象的不同分类

按照评价对象的不同，安全评价方法可分为设备（设施或工艺）故障率评价法、人员失误率评价法、物质系数评价法、系统危险性评价法等。

四、安全评价方法选择

任何一种安全评价方法都有其适用条件和范围,在安全评价中合理选择安全评价方法十分重要,如果选择了不适用的安全评价方法,不仅浪费工作时间,影响评价工作的正常开展,而且可能导致评价结果严重失真,使安全评价失败。

(一)安全评价方法的选择原则

在进行安全评价时,应该在认真分析并熟悉被评价系统的前提下,选择适用的安全评价方法。安全评价方法的选择应遵循以下原则。

(1)充分性原则。充分性是指在选择安全评价方法之前,应充分分析被评价系统,掌握足够多的安全评价方法,充分了解各种安全评价方法的优缺点、适用条件和范围,同时为开展安全评价工作准备充分的资料。

(2)适应性原则。适应性是指选择的安全评价方法应该适用被评价系统。被评价系统可能是由多个子系统构成的复杂系统,对于各子系统评价重点可能有所不同,各种安全评价方法都有其适用条件和范围,应根据系统和子系统、工艺性质和状态选择适用的安全评价方法。

(3)系统性原则。安全评价方法要获得可信的安全评价结果,必须使用真实、合理和系统的基础数据,被评价的系统应该能够提供所需的系统化数据和资料。

(4)针对性原则。针对性是指所选择的安全评价方法应该能够提供所需的结果。由于评价目的不同,需要安全评价提供的结果也不相同,因此,应该选用能够给出所要求结果的安全评价方法。

(5)合理性原则。在满足安全评价目的并能够提供所需安全评价结果的前提下,应该选择计算过程最简单、所需基础数据最少和最容易获取的安全评价方法,使安全评价工作量和要获得的评价结果都是合理的。

(二)安全评价方法的选择过程

不同的被评价系统应选择不同的安全评价方法。不同安全评价方法的选择过程一般可按下述步骤进行:分析被评价系统→收集安全评价方法→分析安全评价方法→明确被评价系统能够提供的基础数据和资料→选择安全评价方法。

选择安全评价方法时,应首先详细分析被评价系统,明确安全评价要达到的目标;其次收集尽可能多的安全评价方法,将安全评价方法进行分类整理,明确被评价系统能够提供的基础数据、工艺和其他资料;最后根据安全评价要达到的目标以及所收集的基础数据、工艺过程和其他资料,选择适用的安全评价方法。

(三)选择安全评价方法应注意的问题

选择安全评价方法时应根据安全评价的特点、具体条件和需要,针对被评价系统的实际情况、特点和评价目标进行认真分析和比较。必要时,根据评价目标的要求可选择几种安全评价方法同时进行评价,互相补充、分析综合和相互验证,以提高评价结果的可靠性。

选择安全评价方法时应该特别注意以下几方面的问题。

1. 考虑被评价系统的特点

根据被评价系统的规模、组成、复杂程度、工艺类型、工艺过程、工艺参数,以及原料、中间产品、产品、作业环境等,选择适用的安全评价方法。随着被评价系统规模、复杂程度的增大,有些评价方法的工作量、工作时间和费用相应增大,甚至超过容许的条件,在这种情况下,有些评价方法即使很适合,也不能采用。

一般而言,对危险性较大的系统可采用系统的定性、定量安全评价方法,工作量也较大,如故障树分析、危险指数评价法等。反之,对危险性不大的系统可采用经验的定性安全评价方法或直接引用分级(分类)标准进行评价,如安全检查表法、直观经验法等。

被评价系统若同时存在多种类别危险有害因素,往往需要采用几种安全评价方法分别进行评价。对于规模大、复杂、危险性高的系统可先用简单的定性安全评价方法进行评价,然后对重点部位(设备或设施)采用系统的定性或定量安全评价方法进行评价。

2. 考虑评价的具体目标和要求的最终结果

在安全评价中,评价目标不同,要求的最终结果也不相同,如由危险有害因素分析可能发生的事故,评价系统事故发生的可能性,评价系统事故的严重程度,评价危险有害因素对发生事故的影响程度等,因此需要根据被评价目标选择适用的安全评价方法。

3. 考虑评价资料的占有情况

如果被评价系统是正在设计的系统,则只能选择较简单的、需要数据较少的安全评价方法。如果被评价系统技术资料、数据齐全,可采用适用的定性或定量评价方法进行评价。

4. 考虑安全评价人员的经验

安全评价人员的经验、习惯和知识掌握程度,对于安全评价方法选择十分重要。如一个企业进行安全评价的目的是增强全体员工的安全意识,树立"以人为本"的安全理念,全面提高企业的安全管理水平,安全评价需要全体员工的参与,使其能够识别出与自己相关的危险有害因素,找出事故隐患,这时应采用简单的安全评价方法,并且要便于员工掌握和使用,同时还要能够提供危险性的分级,因此作业条件危险分析法是适用的。

若企业为了某项工作的需要,请专业的安全评价机构进行安全评价,参与安全评价的人员都是专业的安全评价人员,他们有丰富的安全评价工作经验,掌握很多安全评价方法,对于此类安全评价,可以使用定性或定量的安全评价方法对被评价系统进行深入分析和系统安全评价。在实际评价过程中,一般将定性安全评价方法和定量安全评价方法相结合,以便相互映照。

思政教学启示

本节主要学习安全评价方法的基础知识,在接受安全评价任务时,选择合适的方法对高效完成任务尤为重要,可以达到事半功倍的效果。

世界观是人们关于世界的总看法和根本观点。当人们以一定的世界观观察问题、处理问题时,世界观也就有了方法论意义。世界观侧重说明世界"是什么",方法论侧重说明"怎么办";世界观决定怎么去"想",方法论决定怎么去"做",二者统一于人的实践。在安全评价工作中,选择适用的安全评价方法,是根据自身知识基础(世界观),选择怎么做(方法论)的过程。可以看出,打好知识基础,选择正确的方法,是做好安全评价工作的重要基础。

第二节　安全检查表法

一、基本概念

为了查找工程、系统中各种设备设施、物料、工件、操作、管理和组织措施中的危险有害因素,事先把检查对象加以分解,将大系统分割成若干小的子系统,以提问或打分的形式,将检查项目列表逐项检查,避免遗漏,这种表称为安全检查表(safety check list)。

安全检查表是一个列出危险、风险或控制故障的清单,而这些清单通常是凭经验(要么是根据以前的风险评估结果,要么是因为过去的故障)进行编制的。按此表进行检查,以"是/否"进行回答。

安全检查表一般是由一些对工艺过程、机械设备和作业情况熟悉并富有安全技术、安全管理经验的人员事先对分析对象进行详尽分析和充分讨论,列出检查单元和部位、检查项目、检查要求、各项赋分标准、评定系统安全等级等内容的表格。

二、适用情况

安全检查表法可用来识别潜在危险、风险或者评估控制效果,适用于产品、过程或系统的生命周期的任何阶段,它们可以作为其他风险评估技术的组成部分进行使用。安全检查表法是一种通用的定性安全评价方法,可适用于各类系统的设计、验收、运行、管理阶段以及事故调查过程,应用十分广泛。

三、输入和输出

安全检查表法的输入包括:有关某个问题的事先信息及专业知识,如可以选择或编制一个相关的、最好是经过验证的检查表;有关标准、规程、规范及规定;同类企业的安全管理经验及国内外事故案例;通过系统安全分析已确定的危险部位及其防范措施;装置的有关技术资料等。

安全检查表法的输出结果取决于应用该结果的风险管理过程的阶段。例如,输出结构可以是一个控制措施评估清单或是风险清单。

四、优点及局限

优点包括以下几点。

(1) 简单明了,非专业人士也可以使用。

(2) 如果编制精良,可将各种专业知识纳入便于使用的系统中。

(3) 有助于确保常见问题不会被遗漏。

局限之处包括以下几点。

(1) 只可以进行定性分析。

(2) 可能会限制风险识别过程中的想象力。

（3）鼓励"在方框内画钩"的习惯。

（4）往往基于已观察到的情况，不利于发现以往没有被观察到的问题。

五、分析步骤

组成检查表编制组，确定活动范围；依据有关标准、规范、法律条款及过去经验，选择设计一个能充分涵盖整个范围的检查表；使用检查表的人员或团队应熟悉过程或系统的各个因素，同时审查检查表上的项目是否有缺失；按此表对系统进行检查。

六、应用举例

以下展示特种设备及强检设施安全检查表。

依据《特种设备安全监察条例》等有关法律法规的规定，特种设备的设计、制造、安装、检验等单位实行许可制度；特种设备在投入使用前或者投入使用后 30 日内，使用单位应当向直辖市或者设区的市的特种设备安全监督管理部门登记；特种设备使用单位应当按照安全技术规范的定期检验要求，在安全检验合格有效期届满前 1 个月向特种设备检测机构提出定期检验要求；使用单位已按照要求进行了监测检验及使用登记，并建立了完善的特种设备安全技术档案。参考表 4-1 进行安全检查。

表 4-1　特种设备及强检设施安全检查表

序号	检查项目	检查结果	评价依据	实际情况
1	压力容器使用单位应按照《固定式压力容器安全技术监察规程》的有关要求，对压力容器进行安全管理，设置安全管理机构，配备安全管理负责人、安全管理人员和作业人员，办理使用登记，建立各项安全管理制度，制定操作规程，并且进行检查	符合	《固定式压力容器安全技术监察规程》（TSG 21—2016）第 7.1.1 条	设置有安全管理机构，配备有专门安全管理负责人、安全管理人员，办理使用登记制度，建立有钢瓶的安全管理规章制度和操作规程
2	使用单位应当按规定在压力容器投入使用前或者投入使用后 30 日内，向所在地负责特种设备登记的部门申请办理特种设备使用登记证	符合	《固定式压力容器安全技术监察规程》第 7.1.2 条	压力容器均按要求办理特种设备使用登记证
3	压力容器的使用单位，应在工艺操作规程和岗位操作规程中，明确提出压力容器安全操作要求	符合	《固定式压力容器安全技术监察规程》第 7.1.3 条	编制有操作规程
4	压力容器的安全间，检验是否在校验有效期内；压力表，检验是否在检验有效期内	符合	《压力容器定期检验规则》第三十二条	安全间、压力表已经检验
5	气瓶外表面的颜色、字样和色环，应当符合《气瓶颜色标志》（GB/T 7144—2016）的规定	符合	《气瓶安全技术监察规程》（TSG R0006—2014）第 1.14.1.2 条	氧钢瓶：淡酞蓝二氧化碳气瓶；铝白虽钢瓶；银灰

序号	检查项目	检查结果	评价依据	实际情况
6	属于下列情况之一的气瓶,应先进行处理,否则严禁充装:①钢印标记、颜色标记不符合规定,对瓶内介质未确认的;②附件损坏,不全或不符合规定的;③瓶内无剩余压力的;④超过检验期限的;⑤经外观检查,存在明显损伤,需进一步检验的;⑥氧化或强氧化性气体气瓶沾有油脂的	符合	《气瓶安全监察规程》质技监局锅发〔2000〕250号第61条	有气瓶充装前检查制度
7	特种设备使用单位应当建立特种设备安全技术档案,应当对在用特种设备进行经常性日常维护保养,并定期自行检查,进行记录	符合	《特种设备安全监察条例》第二十六、二十七条	有气规管理制度
8	特种设备使用单位应当对特种设备作业人员进行特种设备安全、节能教育和培训,保证特种设备作业人员具备必要的特种设备安全、节能知识	符合	《特种设备安全监察条例》第三十九条	已经报名参加培训,等待开课
9	特种设备使用单位应当根据情况设置特种设备安全管理机构或者配备专职、兼职的安全管理人员	符合	《特种设备安全监察条例》第三十三条	有安全管理人员
10	特种设备使用单位应当使用符合安全技术规范要求的特种设备。特种设备投入使用前,使用单位应当核对其是否附有本条例第十五条规定的相关文件	符合	《特种设备安全监察条例》第二十四条	使用符合安全技术规范要求的特种设备
11	充装单位必须对充装人员和充装前检查人员进行有关气体性质、气瓶的基本知识、潜在危险和应急处理措施等内容的培训	符合	《气瓶安全监察规程》质技监局锅发〔2000〕250号第57条	有教育培训制度

(资料来源:蔡庄红,白航标.安全评价技术[M].3版.北京:化学工业出版社,2022.)

经现场检查并审查资料,各种特种设备由有资质单位进行设计、制造及安装,压力容器、安全附件(安全阀、压力表)均在检验有效期内。

思政教学启示

"欲知平直,则必准绳;欲知方圆,则必规矩"。要想知道平直与否,就必须借助水准墨线;要想知道方圆与否,就必须借助圆规矩尺。本节主要学习了安全检查表法、安全检查表的编制和选择过程,为安全评价工作提供了相关规范和标准,更应在实践中严格落实这些标准,方可成事。

第三节 事件树分析

一、基本概念

事件树分析(event tree analysis,ETA)着眼于事故的起因,即初因事件。ETA 是从决策树(decision tree)逐渐演化而来的,用于对可能带来损失或收益的初因事件建立模型。事件树从事件的起始状态出发,按照一定的顺序,分析初因事件可能导致的各种序列的结果,从而定性或定量地评价系统的特性。由于在该方法中事件的序列是以树图的形式表示,故称事件树,如图 4-1 所示。

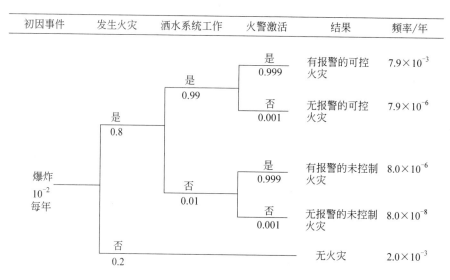

图 4-1 事件树示例

(资料来源:蔡庄红,白航标. 安全评价技术[M]. 3 版. 北京:化学工业出版社,2022.)

ETA 具有散开的树形结构,考虑到其他系统、功能或障碍,ETA 能够反映出引起初因事件加剧或缓解的事件。

二、适用情况

ETA 可以用于产品或过程生命周期的任何阶段,适用于多环节事件或多重保护系统的风险分析和评价,既可用于定性分析,也可用于定量分析。定性使用时,有利于群体对初始事件之后可能出现的情景进行集思广益,同时就各种处理方法、障碍或旨在缓解不良结果的控制手段对结果的影响方式提出各种看法。定量分析有利于分析控制措施的可接受性。

三、输入和输出

事件树分析的输入包括以下几点。

（1）相关初始事项清单。

（2）关于应对、障碍和控制及其失效概率的信息。

（3）了解最初故障加剧的过程。

事件树分析的输出包括：对潜在问题进行定性描述，并将这些问题视为包括初始事件，同时能产生各类问题的综合事件、对各类事件的发生频率或概率以及事件的发生序列、各类事件的相对重要性的估算、降低风险的建议措施清单、建议措施效果的定量评价。

四、优点及局限

ETA用简单图示方法给出初因事项之后的全部潜在情景；能说明时机、依赖性，以及在故障树模型中很烦琐的多米诺效应；清晰地体现了事件的发展顺序，而使用故障树是不可能表现的。

但存在以下局限：为了将ETA作为综合评估的组成部分，要对一切潜在的初因事项进行识别，但总是有可能错过一些重要的初因事项；事件树只分析了某个系统的成功及故障状况，很难将延迟成功或恢复事项纳入其中且任何路径都取决于路径上以前分支点处发生的事项，因此要分析各可能路径上众多从属因素。然而，人们可能会忽视某些从属因素，如通用组件、公用系统以及操作人员等。如果不认真处理这些从属因素，就会导致风险评估过于乐观。

五、分析步骤

（1）选择初始事件。初始事件可能是粉尘爆炸或是停电这样的事项。那些旨在缓解结果的现有功能或系统应按时序列出，用一条线来代表每个功能或系统的成功或失败，每条线都应带有一定的失效概率，同时通过专家判断或故障树分析的方法来估算这种条件概率。这样，初始事件的不同途径就得以建模。

（2）找出与初始事件有关的环节事件。环节事件是指出现在初始事件后的一系列可能造成事故后果的其他原因事件。

（3）编制事件树。把初始事件写在最左边，各环节事件按顺序写在右边；从初始事件画一条水平线到第一环节事件，在水平线末端画一条垂直线段，垂直线段上端表示成功，下端表示失败；再从垂直线两端分别向右画水平线到下个环节事件，同样用垂直线段表示成功和失败两种状态；依次类推，直到最后一个环节事件为止。如果某一个环节事件不需要往下分析，则水平线延伸下去，不发生分支。如此下去便编制出相应的事件树。

（4）说明分析结果。在事件树的最后写明由初始事件引起的各种事故结果或后果。为清楚起见，对事件树的初始事件和各环节事件用不同字母加以标记。

需要注意的是，事件树的可能性是一种有条件的可能性，例如启动洒水功能的可能性并不是正常状况下测试得到的可能性，而是爆炸引起火灾状况下的可能性。事件树的每条路径代表着该路径内各种事项发生的可能性。鉴于各种事项都是独立的，结果的概率可用单个条件概率与初因事项频率的乘积来表示。

案例

油库输油管线投用一段时间后，由于应力、腐蚀或材料、结构及焊接工艺等方面的缺陷,在使用过程中会逐渐产生穿孔、裂纹等,并因外界其他客观原因导致渗漏,在改造与建设中也会根据需要,运用电焊、气焊等进行动火补焊、碰接及改造。动火作业(八大危险作业之一)是一项技术性强、要求高、难度大、颇具危险性的作业,为了避免发生火灾、爆炸、人身伤亡事故以及其他作业事故,动火作业必须采取一系列严格有效的安全防护措施。

油库输油管线作业流程和作业要求如下。

(1) 在实施动火施工作业前,业务领导和工程技术人员要认真进行实地勘察,特别要注意分析天气、风向、温度对作业的影响,应严格填写动火作业票,实施危险作业许可审批。

(2) 要针对不同的作业现场和焊、割对象,配备符合一定条件和数量的消防设备和器材,由消防班人员担任动火作业的消防现场值班,消防车停在作业现场担任警戒,消防水带延伸至作业现场,随时做好灭火准备。

(3) 实施动火施工过程中应注意油气浓度不在爆炸范围内,确认油气浓度在爆炸下限4%以下方可动火。

(4) 在清空的输油管线上动火,必须用隔离盲板断开所有与其他油罐(管)的连通,并进行清洗和通风。

(5) 使用电焊时,需断开待焊设备与其他储油容器、管道的金属连接。

(6) 在清空的储油容器、输油管线上动火作业完毕后还必须进行无损检测,如进行水(气)压试验或超声波探伤。对检查出的焊接缺陷及时补焊。

根据作业流程和事故分析,构造油库管线动火作业事件树。假定各事件的发生是相互独立的,通过风险辨识、故障树和专家经验分析,计算得出各分支链的后果事件概率,如图4-2所示。

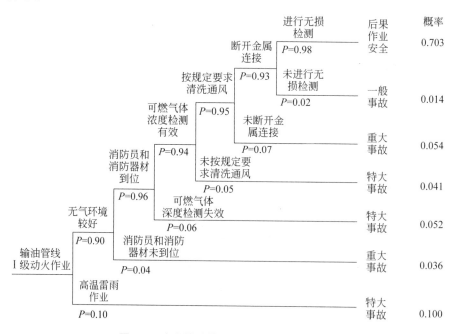

图 4-2 油库输油管线动火作业事件树分析

(资料来源:蔡庄红,白航标.安全评价技术[M].3版.北京:化学工业出版社,2022.)

思政教学启示

本节主要学习事件树分析方法的作用和使用步骤。事件树分析是对初始事件可能引发的各种情况进行定性或定量的分析，列出可能发生的后果，提出控制措施的过程。在这个过程中，要保持认真和细心，力求全面，避免出现遗漏。

第四节　故障树分析

一、基本概念

故障树分析（fault tree analysis，FTA）是用来识别和分析造成特定不良事件（称作顶事件）的可能因素的技术。造成故障的原因可通过归纳法进行识别，也可以将特定事故与各层原因之间用逻辑门符号连接起来并用树形图进行表示。树形图描述了事故可能原因及其与重大事件的逻辑关系。故障树中识别的因素可能是硬件故障、人为错误或其他引起不良事项的因素。

FTA 不仅能分析出事故的直接原因，而且能提示事故的潜在原因，因此在工程或设备的设计阶段、查询事故或编制新的操作方法时，都可以使用 FTA 对它们的安全性作出评价。日本劳动省积极推广 FTA 方法，并要求安全干部学会使用该种方法。从 1978 年起，我国也开始了 FTA 的研究和运用工作。实践证明 FTA 适合我国国情，应该在我国得到普遍推广使用。

二、适用情况

故障树的适用场景：一是用来对故障（顶事件）的潜在原因及途径进行定性分析，在掌握原因事项概率的相关数据之后，定量计算重大事件的发生概率；二是在系统的设计阶段，使用该方法识别故障的潜在原因；三是在运行阶段使用，以识别重大故障发生的方式和导致重大事件的各类路径的相对重要性；四是用来分析已出现的故障，以便通过图形来显示不同事项如何共同作用以造成故障。

三、输入和输出

定性分析，需要了解系统及故障原因、系统失效的方式；定量分析，需要了解故障树中各基本事件的故障率或者失效的可能性。故障树分析的输出结果包括：顶事件发生方式的示意图，并可显示各路径之间的相互关系；最小分割集合清单（单个故障路径），并说明每个路径的发生概率（如果有相关数据）；顶事件的发生概率。

四、优点及局限

故障树提供了一种系统、规范的方法，同时灵活地对各种因素进行分析，包括人际交往和客观现象等；运用简单的"自上而下"方法，可以关注那些与顶事件直接相关故障的影响；

FTA 对具有许多界面和相互作用的分析系统特别有用;图形化表示有助于理解系统行为及所包含的因素;对故障树的逻辑分析和对分割集合的识别有利于识别高度复杂系统中的简单故障路径。

故障树分析法也有一定的局限性。如果基础事件的概率有较高的不确定性,计算出的顶事件概率的不确定性也较高;有时很难确定顶事件的所有重要途径是否都包括在内;故障树是一个静态模型,无法处理时序上的相互关系;故障树只能处理二进制状态(有故障/无故障);虽然定性故障树可以包括人为错误,但是一般来说,各种程度或性质的人为错误引起的故障无法包括在内;故障树分析时要求分析人员必须非常熟悉对象系统,具有丰富的实践经验。

五、分析步骤

界定分析对象系统和需要分析的各对象事件(顶事件)后,按以下步骤进行分析。

(1) 从顶事件入手,识别造成顶事件的直接原因或失效模式。

(2) 调查原因事件,对每个原因/失效模式进行分析,以识别造成故障的原因(设备故障、人员失误以及环境不良因素等)。

(3) 分步骤地识别不良的系统操作方式,沿着系统自上而下地分析,直到进一步分析不会产生任何成效为止,处于分析中系统最低水平的事项及原因因素称作基本事件。

(4) 定性分析,按故障树结构进行简化,求出最小割集和最小径集,确定各基本事件的结构重要度。

(5) 定量分析,找出各基本事件的发生概率,计算出顶事件的发生概率,计算出概率重要度和临界重要度,对于每个控制节点而言,所有的输入数据都必不可少,并足以产生输出事项。对于故障树中的逻辑冗余部分,可以通过布尔代数运算法则来进行简化。

(6) 除了估算顶事件发生的可能性外,还要识别那些形成顶事件独立路径的最小分割集合,并计算它们对顶事件的影响。除了简单的故障树外,当故障树存在几处重复事件时,需要使用软件包正确处理计算,并计算最小割集。软件工具有助于保证一致性、正确性和可检验性。

思政教学启示

本节主要学习故障树分析方法的作用和使用步骤,同时学习了编制故障树符号的意义,以及进行定量分析和计算时需要了解的一些基本概念,如概率、集合等数学知识。

在运用故障树分析法时,寻找和确定原因是非常重要的环节,是确定有针对性安全措施的重要保障。正如我们做决策之前,要具备寻因溯源的思维能力,才可能做出符合事实的决定。尊重客观规律、实事求是永远是最有效的行动力。

第五节 失效模式和效应分析

一、基本概念

失效模式和效应分析（failure mode and effect analysis，FMEA）是用来识别组件或系统是否达到设计意图的方法，广泛用于风险分析和风险评价中。FMEA 是一种归纳方法，其特点是从元件的故障开始逐级分析其原因、影响及应采取的应对措施，通过分析系统内部各个组件的失效模式并推断其对于整个系统的影响，考虑如何才能避免或减小损失。

FMEA 用于识别系统各部分所有潜在的失效模式、故障对系统的影响、故障原因以及如何避免故障及/或减弱故障对系统的影响。FMEA 分析通常是定性或半定量的，在可以获得实际故障率数据的情况下也可以定量化。

失效模式、效应和危害度分析（failure mode and effect and criticality analysis，FMECA）拓展了 FMEA 的使用范围。根据其重要性和危害程度，FMECA 可对每种被识别的失效模式进行排序。如将 FMEA 和 FMECA 联合使用，其应用范围更为广泛，也经常将二者放在一起讨论。

二、适用情况

FMEA 方法大多用于实体系统中的组件故障，但也可以用来识别人为失效模式及影响。该方法可用于以下场景：系统分析、部件或产品的设计（或产品）、制造和组装过程等。

为提高可靠性，在设计阶段 FMEA/FMECA 方法更容易实施相应的改进措施，FMEA/FMECA 也适用于过程和程序，如用来识别医疗保健系统中的潜在错误。FMEA/FMECA 还可以为其他风险分析技术（如定性及定量的故障树分析）提供输入数据，并协助选择具有高可靠性的替代性设计方案；确保所有的失效模式及其对运行的影响得到分析；列出潜在的故障并识别其影响的严重性；为测试及维修工作的规划提供依据；为定量的可靠性及可用性分析提供依据。

三、输入和输出

FMEA/FMECA 需要有关系统组件的充分信息，以便对各组件出现故障的方式进行详细分析。信息包括：正在分析的系统及系统组件的构成图、操作过程步骤的流程图；了解过程中每一步或系统组成部分的功能；可能影响运行的过程及环境参数的详细信息；对特定故障结果的了解；有关故障的历史信息，包括现有的故障率数据。

输出需要分开来看，FMEA 的输出结果主要是失效模式、失效机制及其对各组件或者系统或过程步骤影响的清单（可能包括故障可能性的信息），以及有关故障原因及其对整个系统影响方面的信息。FMECA 的输出包括对系统失效的可能性、失效模式导致的风险等级、风险等级和"探测到"的失效模式的组合等方面的重要性进行排序。如果使用合适的故障率资料和定量后果，FMECA 可以输出定量结果。

四、优点及局限

FMEA/FMECA 的优点包括：广泛适用于人力、设备和系统失效模式，以及硬件、软件和程序；识别组件失效模式及其原因和对系统的影响，同时用可读性较强的形式表现出来；通过在设计初期发现问题，避免后期设备改造产生较高的费用；识别单点失效模式以及对冗余或安全系统的需要；通过突出计划测试的关键特征，为开发测试计划提供输入数据。

FMEA/FMECA 有以下局限：只能识别单个失效模式，无法同时识别多个失效模式；除非得到充分控制并集中充分精力，否则研究工作较为耗时，且开支较大；对于复杂的多层系统来说，这项工作可能艰难枯燥。

五、分析步骤

（1）确定分析对象。

（2）组建研究团队。

（3）将系统分成组件或步骤，并分析下列问题。

① 各部分出现明显故障的方式是什么？

② 造成这些失效模式的具体机制是什么？

③ 故障可能产生的影响是什么？

④ 失败是无害的还是有破坏性的？

⑤ 故障如何检测？

（4）确定故障补偿设计中的固有规定。

对于 FMECA，研究团队需接着根据故障结果的严重性，将每个识别出的失效模式进行分类。常用方法包括：模式危险度指数、风险等级、风险优先数（the risk priority number）。模式危险度指数是对所考虑的失效模式将导致整个系统发生故障的概率测算，定义为故障影响率、失效率、系统操作时间三者的乘积。此定义经常应用于设备故障，其中每个术语可以定量地确定，而且失效模式都有同样的后果。

风险等级可通过故障模式后果与失效概率的组合获得。风险等级方法可应用于不同失效模式产生的不同后果，并且能够应用于设备系统或过程，可定性、半定量或定量表达。

风险优先数是一种半定量的危害度测量方法，将故障后果、可能性和发现问题的能力（如果故障很难发现，则认为其优先级较高）进行等级赋值（通常为 1～10）并相乘，结果为危险度，经常用于质量保证的应用实践中。一旦确定失效模式和机制，就可以界定和实施针对更重大失效模式的纠正措施。

失效模式报告记录的内容包括被分析系统的详细说明、开展分析的方式、分析中的假设、数据来源。报告结果包括工作表、危害度（如果完成）以及界定危害度的方法、进一步分析、设计变更或者计划纳入测试计划的特征等方面的建议。

在完成了上述行动之后，可通过新一轮 FMEA 重新评估系统。

案例

空气压缩机属于压力容器，其功能是储存空气压缩机产生的压缩空气。对空气压缩机储罐的罐体和安全阀两个部件应用故障类型和影响分析,分析结果如表 4-2 所示。

表 4-2 储气罐的故障类型及影响分析

元(部)件名称	功 能	故障类型	故障的原因	故障的影响	故障的识别	校正措施
储气罐罐体	储存气体	轻微泄漏	接口不严	能耗增加	漏气噪声、空气压缩机频繁打压	巡检、保养
		严重泄漏	焊接裂缝	压力迅速下降,可能伤人	漏气噪声、压力表读数下降	停机修理
		破裂	材料缺陷、受冲压等	供气压力迅速下降,损伤人员和设备	破裂声响、压力表读数迅速下降	停机检修
安全阀	避免储气罐超压	漏气	接口不严、弹簧疲劳	能耗增加	漏气噪声、空气压缩机频繁打压	巡检、保养
		误开启	弹簧疲劳、折断	压力迅速下降	漏气噪声、压力表计数下降	停机检修
		不能开启	由锈蚀污物等造成	超压时失去安全功能,系统压力迅速增高	压力表读数升高	停机检修,更换安全阀

(资料来源:蔡庄红,白航标.安全评价技术[M].3 版.北京:化学工业出版社,2022.)

思政教学启示

本节主要学习失效模式和效应分析的作用和使用步骤。在使用过程中强调通过分析系统内部各个组件的失效模式并推断其对于整个系统的影响,考虑如何才能避免或减小损失,并体现在安全管理中对主次矛盾分析的考虑。

第六节 预先危险性分析

一、基本概念

预先危险性分析(primary hazard analysis,PHA)起源于美国军用标准安全计划要求,是进行某项工程活动(包括设计、施工、生产、维修等)之前对系统存在的各种危险因素(类别、分布)、出现条件和事故可能造成的后果进行宏观、概略分析的系统安全分析方法。PHA 主要用于对危险物质和装置的主要区域等进行分析,包括在设计、施工和生产前首先对系统中存在的危险性类别、出现条件、导致事故的后果进行分析。

预先危险性分析的目的包括:大体识别与系统有关的主要危险;鉴别产生危险的原因;预测事故发生对人员和系统的影响;判别危险等级,并提出消除或控制危险性的对策措施。

二、适用情况

PHA 通常用在项目设计和开发初期。由于在项目设计和开发初期,有关设计细节或操作程序的信息很少,所以该方法经常成为进一步研究工作的前奏,同时也为系统设计规范提供必要信息。在分析现有系统,从而将需要进一步分析的危险和风险进行排序时,或是现实环境使更全面的技术无法使用时,这种方法会发挥更大的作用。

三、输入和输出

输入包括:被评估系统的信息,如生产目的、所用物料、生产装置及设备、工艺过程、操作条件以及周围环境等;可获得的与系统设计有关的细节。

输出包括:危险及风险清单,接受、建议控制、设计规范或更详细评估的请求等多种形式的建议。

四、优点和局限

PHA 的优点包括:①在信息有限时可以使用;②可以在系统生命周期的初期考虑风险。但该方法只能提供初步信息,其不够全面也无法提供有关风险及最佳风险预防措施方面的详细信息。

五、分析步骤

预先危险性分析一般有如下几个步骤。

(1)通过经验判断、技术诊断或其他方法,确定出危险源及危险源存在的地点。即识别出系统中存在的危险有害因素,并确定出其存在的部位,充分详细地调查了解所需分析系统的情况,如生产目的、所用物料、生产装置及设备、工艺过程、操作条件以及周围环境等。

(2)依据过去的经验教训和同行业生产中曾经发生过的事故或灾害情况对系统的影响和损坏程度,用类比推理的方法判断出所需分析系统中可能出现的情况,找出假设事故或灾害可能发生时,能够造成系统故障、物质损失和人员伤害的危险性,分析和确定事故或灾害的可能类型。

(3)对确定的危险源进行分类,编制预先危险性分析表。

(4)识别转变条件,研究危险有害因素转变为危险状态的触发条件,危险状态转变为事故或灾害的必要条件,有针对性地寻求预防性的对策措施,并检查对策措施的有效性。

(5)进行危险性分级,列出重点和轻、重、缓、急次序,以便进一步处理。

(6)制定事故或灾害的预防性对策措施。

通过考虑如下因素来编制危险、一般性危险情况及风险的清单:使用或生产的材料及其反应性,使用设备,运行环境,布局,系统组成要素之间的分界面等。

对不良事项结果及其可能性可进行定性分析,以识别那些需要进一步评估的风险。若需要,在设计、建造和验收阶段都应展开预先危险性分析,以探测新的危险并予以更正。获得的结果可以使用诸如表格和树状图之类的不同形式进行表示。

案例

1. 项目概况

液化石油气储配站涉及的主要物质是液化石油气,属易燃易爆物质,且具有一定的毒性,在卸车、倒罐、倒残液、灌瓶过程中因管理不当或设备故障极有可能造成火灾、爆炸、中毒事故。因此,根据石油化工有关规定和《石油化工企业设计防火规范》(GB 50160—2008),参照同类企业情况,将液化石油气火灾、爆炸、中毒确定为工艺过程中最主要的事故类型。同时,在工艺生产过程中还可能发生雷击及电气伤害、电气火灾、车辆伤害、物体打击、高处坠落和滑倒、水灾等事故。

依据上述确定的事故类型,分别对各事故类型产生原因和影响因素进行分析和归纳,分析并确定危险因素以及其转变为事故状态的触发事件,形成事故的原因和导致事故的后果等。在此仅列出主要事故类型火灾、爆炸的 PHA 分析结果。

2. PHA 分析表

PHA 分析表如表 4-3 所示。

3. 液化石油气储配站预先危险性分析结果

(1) 液化石油气储配站可能存在的事故类型有火灾、爆炸、中毒、雷击及电气伤害、电气火灾、车辆伤害、物体打击、高处坠落和滑倒、水灾等事故。

(2) 通过对该工艺进行预先危险性分析,可知:级别为Ⅱ级,危险程度为灾难性的危险有害因素有 1 项,即液化石油气火灾、爆炸;级别为Ⅱ级,危险程度为危险的危险有害因素有 4 项,包括雷击及电气伤害、电气火灾、高处坠落和滑倒以及水灾;级别为Ⅱ级,危险程度为临界的危险有害因素有 3 项,包括中毒、车辆伤害和物体打击。

(3) 对于上述可能产生的各种危险、有害因素,在预先危险性分析表中已提出初步的防范对策措施,如果加强对生产过程这些危险点的有效控制,能满足安全生产的要求。

4. 建议

通过液化石油气储配站预先危险性分析,提出三点建议。

(1) 在"初步设计"中,应按生产工艺和安全生产的要求,同时考虑先进性、科学性、合理性和操作方便的原则,确定各个设备的型号、规格、材质、数量和管口方位等,力求一次性设计到位。

(2) 所有的计量、监测、报警的压力表,温度计,报警器和阀门,开关,安全附件等,应按规范要求配置齐全。还要注意到:厂房内的所有设备应每年自检或按国家规定进行定期检测。

(3) 建议认真参考预先危险性分析所提出的生产过程中可能出现的危害以及对策措施,在"初步设计"中体现出来。

思政教学启示

本节主要学习预先危险性分析的作用和使用步骤。预先危险性分析是一个运用"木桶原理"补齐短板的过程。

"木桶原理"的内涵:木桶有短板就装不满水,但木桶底板有洞就装不了水。我们既要善于补齐短板,更要注重加固底板。防控和化解各种重大风险,就是加固底板。《诗经》曰:"迨天之未阴雨,彻彼桑土,绸缪牖户。"说的是一种小鸟,在天未下雨之前,就懂得衔取桑树根,缠绕巢穴,使巢更加坚固。见兔顾犬、亡羊补牢,是为下策;积谷防饥、曲突徙薪,方为上策。

表 4-3 液化石油气储配站火灾、爆炸事故预先危险性分析表

潜在事故	危险因素	触发事件(1)	发生条件	触发事件(2)	事故后果	危险等级	防范措施
液化石油气火灾、爆炸	液化石油气及其残液泄漏，压力容器爆炸	(1) 故障泄漏 ① 储罐、汽化器、管线、阀门、法兰等泄漏渗出；② 储罐超装溢出；③ 机、泵破裂或转动设备、泵密封处泄漏；④ 罐、器、机、泵、阀门、管道、流量、仪表等连接处泄漏；⑤ 罐、器因加工质量不好（如制造、焊接材质、焊接等）或安装不当造成泄漏；⑥ 罐击（如车辆撞击）或物体倒落、器及管线破坏造成破裂或泄漏等造成泄漏。 (2) 运行泄漏 ① 超温、超压造成破裂泄漏；② 安全阀、损坏等安全附件失灵；③ 垫片撕裂造成泄漏；④ 骤冷、急冷造成裂、泄漏；⑤ 液化石油气瓶等破裂、泄漏；⑥ 液化石油气瓶压力容器未按规定及操作规程操作；⑦ 转动部分不洁、摩擦产生高温。	(1) 液化石油气浓度达到爆炸极限； (2) 液化石油气遇明火、其他火灾及自身残液遇明火； (3) 存在点火源、高温、静电火花、台风等	(1) 明火。 ① 吸烟；② 抢修、检修时违章动火、焊接时未按"十不烧"及其有关规定动火；③ 外来人员带入火种；④ 物质过热引起燃烧；⑤ 其他火源（如电动机、轴承冒烟着火）；⑥ 其他火灾引发二次火灾等。 (2) 火花。 ① 穿戴钉皮鞋；② 击打火花；③ 电器火花；④ 电器线路老旧或受潮损坏因素引起火花；⑤ 静电产生火花；⑥ 雷击（直接雷击、雷击二次作用、雷沿着电气线路侵入人、金属管道侵入）；⑦ 进入车辆未带阻火器（一般禁止驶入）；⑧ 焊、割、打磨产生火花等	液化石油气漏、人员伤亡、造成停产，严重经济损失	IV	(1) 控制与消除火源。 ① 进入易燃易爆区严禁吸烟，携带火种、穿戴钉皮鞋；② 动火必须严格按动火手续办理动火证，并采取有效防范措施；③ 在易燃易爆场所要使用防爆型电器；④ 使用不发火的工具，严禁钢质工具敲打、撞击、抛掷；⑤ 按规定安装避雷装置，并定期进行检测；⑥ 按规定采取防静电措施；⑦ 加强门卫，严禁机动车辆进入危险区，运送液化石油气的车辆配备完好的阻火器，正确行驶，绝对防止发生任何故障和车祸。 (2) 严格控制设备质量及其安装。 ① 罐、器、管线、机、泵、阀等设备及其配套仪表要选用质量好的合格产品，并把好质量、安装等关；② 管道、压力容器等要按有关设施要求进行定期检查、检测、试压；③ 对设备管线、机、泵、维护、保养、保持完好状态；④ 按规定定安装电气线路，定期进行检查、维修、保养、保持完好状态；⑤ 有液化石油气泄漏的场所，高温局部采取降热、密闭措施，防止渗、冒、滴、漏。 (3) 防止液化石油气及其残液的跑冒滴漏。① 加强管理，严格工艺纪律。 (4) 禁火区内根据《170号公约》和《危险化学品安全管理条例》张贴动火作业场所危险化学品安全标签；② 杜绝"三违"，严守工艺纪律、防止生产事故；③ 坚持巡回检查，发现问题及时处理。如液位报警器、呼吸阀、压力表、安全阀、防寒保温措施、防腐蚀措施是否正常，联锁阀、管线、截止阀、液位报警、消防设施、消防通道、地沟是否畅通等；④ 检修中，特别是开车前、并且要做好与其他部分的隔离（如安装有效装置的条件下），在分析合格并有现场监护动火等；⑤ 检查是否有违章，进彻底清理干净，在分析合格后动火证方能进行动火作业；火作业审批制取得动火作业许可证后方可进行作业；⑥ 防止车辆碰撞管线等设施；加强培训、教育，考核工作，⑦ 安全设施齐全并保持完好。 (5) 安全设施（如消防设施、遥控装置齐全并经常检查）；② 储罐装置；① 易燃易爆场所安装可燃气体检测报警装置低液位报警等完善。

（资料来源：蔡庄红，白航标. 安全评价技术[M]. 3版. 北京：化学工业出版社，2022.）

第七节 风 险 指 数

一、基本概念

风险指数(risk index)是对风险进行半定量测评,利用顺序尺度的记分法得出的估算值。风险指数可以用来对使用相似准则的一系列风险进行比较。尽管可以获得量化的结果,但风险指数本质上仍属于用于风险分级和比较的定性方法。

二、适用情况

如果充分理解系统,可以用指数对与活动相关的不同风险分级。指数允许将影响风险等级的一系列因素整合为单一的风险等级数字。风险指数可作为一种范围划定工具,用于各种类型的风险,以根据风险水平划分风险。这可以确定哪些风险需要更深层次的分析以及可能进行定量评估。

风险指数法可以运用在工程项目的各个阶段(可行性研究、设计、运行、报废等),或在详细的设计方案完成之前,或在现有装置危险分析计划制订之前,也可用于在役装置,作为确定工艺及操作危险性的依据。

风险指数方法形式多样,既可用来进行定性评价,也可用来进行定量评价。例如,评价者可依据作业现场危险度、事故概率、事故严重度的定性评估,对现场进行简单分级;也可以通过对工艺特性赋予一定的数值以组成数值图表,利用该数值表计算数值化的分级因子。

三、输入和输出

风险指数的输入来源于对系统的分析,或者对背景的宽泛描述。这就要求很好地了解风险的各种来源、可能的路径以及可能的影响。像故障树分析、事件树分析和一般的决策分析工具都可以用来支持风险指数的开发。由于顺序尺度的选择在一定程度上具有主观性,因此,需要收集充分的数据来确认指数。

风险指数的输出结果是与特定来源有关的一系列数字(综合指数),并可以与为其他来源设置的指数或是按相同方式建模的一系列数字进行比较。

四、优点及局限

优点包括以下几点。

(1) 风险指数可以提供一种有效地划分风险等级的工具。

(2) 可以将影响风险等级的多种因素整合到对风险等级的分析中。

局限包括以下几点。

(1) 如果过程(模式)及其输出结果未得到严谨的确认,可能使结果毫无意义。

(2) 使用风险指数时,通常缺乏一个基准模型来确定风险因素的单个尺度是线性的、对数的还是某个其他形式的,也没有固定的模型可以确定如何将各因素综合起来。在这些情况下,评级本身是不可靠的,对实际数据进行确认尤其重要。

五、分析步骤

风险指数的分析步骤如下。

(1) 理解并描述系统。

(2) 系统得到确认后,确定各组件得分。

(3) 将得分结合起来,以计算综合指数。

例如,在环境背景中,要对来源、途径及接收方打分。每个来源可能会有多种路径和接收方。根据考虑系统客观现状的计划将单个得分进行综合。关键是,系统各部分的得分(来源、途径及接收方)应在内部保持一致,同时保持正确关系。对风险要素(如概率、暴露及后果)或是增加风险的因素打分。

可以设计合适的指数模型对各因素的得分进行加、减、乘及/或除的运算。通过将得分相加来考虑累积效果(如将不同路径的得分相加)。严格地讲,将数学公式用于顺序得分是无效的,因此,一旦打分系统建立,必须将该模型用于已知系统,以便确认其有效性。确定指数是一种迭代方法,在分析师得到满意的确认结果之前,可以尝试几种不同的系统以将得分进行综合计算。

思政教学启示

本节主要学习了安全评价的风险指数方法,是对风险进行分级和比较的定性方法,运用风险指数方法时,应做好现状调研,做到具体问题具体分析,确保评价对象的情况符合风险指数方法所需特定使用条件。

第八节 危险与可操作性分析

一、基本概念

危险与可操作性分析(hazard and operability study,HAZOP)是一种对规划或现有产品、过程、程序或体系的结构化及系统分析技术。该技术被广泛应用于识别人员、设备、环境及/或组织目标所面临的风险。分析团队应尽量提供解决方案,以消除风险。

HAZOP 是基于危险和可操作性研究的定性技术,它对设计、过程、程序或系统等各个步骤中是否能实现设计意图或运行条件的方式提出质疑。该方法通常由一支多专业团队通过多次会议进行,而不能由个人完成。

HAZOP 与 FMEA(失效模式和效应分析法)类似,都用于识别过程、系统或程序的失效模式、失效原因及后果。其不同之处在于 HAZOP 团队通过考虑当前结果与预期结果之间的偏差以及所处环境条件等来分析可能的原因和失效模式,而 FMEA 则先确定失效模式,然后才开始。

二、适用情况

HAZOP 技术最初被应用于化学工艺系统的风险评估中。目前该技术目前已拓展到其他类型的系统及复杂的操作中,包括机械及电子系统、程序、软件系统,甚至包括组织变更、法律合同设计及评审。

HAZOP 过程可以处理由于设计、部件、计划程序和人为活动的缺陷所造成的各种形式的对设计意图的偏离,这种方法也广泛地用于软件设计评审中。当用于关键安全仪器控制及计算机系统时,该方法被称作 CHAZOP(控制危险及可操作性分析或计算机危险及可操作性分析)。HAZOP 分析通常在设计阶段开展,但随着设计的详细发展,可以对每个阶段用不同的导语分阶段进行。HAZOP 分析如果在操作阶段进行,遇到变更可能需要较大成本。

三、输入和输出

HAZOP 分析的主要输入数据是有关计划审批的系统、过程或程序,以及设计意图与效果说明书的现有信息。输入数据包括说明书、工艺流程图、逻辑图、布局图、历史数据、操作及维修程序,以及紧急情况响应程序等。对于非硬件系统来说,HAZOP 的输入数据可以包括描述被分析系统或程序的功能等任何文件,如组织图或角色说明、合同草案甚至程序草案。

HAZOP 分析的输出主要是 HAZOP 会议的会议记录,包括使用的引导词、偏差、可能原因、处理所发现问题的行动以及行动负责人等。对于任何无法纠正的偏差,需要对偏差造成的风险进行评估。

四、优点及局限

1. HAZOP 的优点

HAZOP 的优点包括以下几点。

(1) 为系统、彻底地分析系统、过程或程序提供了有效的方法。

(2) 涉及多专业团队,可处理复杂问题。

(3) 形成了解决方案和风险应对行动方案。

(4) 有机会对人为错误的原因及结果进行清晰的分析。

2. HAZOP 的局限

HAZOP 的局限包括以下几点。

(1) 耗时,成本较高。

(2) 对文件或系统/过程以及程序规范的要求较高。

(3) 主要重视的是找到解决方案,而不是质疑基本假设。

(4) 讨论可能会集中在设计细节上,而不是更宽泛或在外部问题上。

(5) 受制于设计(草案)及设计意图,以及传递给团队的范围及目标。

(6) 过程对设计人员的专业知识要求较高,专业人员在寻找设计问题的过程中很难保证完全客观。

五、HAZOP 分析步骤

HAZOP 依据设计图纸、流程说明、操作程序等对系统各组成部分进行审查,检查是否存在偏离预期效果的偏差、潜在原因以及偏差可能造成的结果。通过使用合适的引导词,对于系统、过程或程序的各个部分对关键参数变化的反应方式进行系统性分析,就可以实现上述目标。可以使用针对某个特殊系统、过程或程序的引导词,也可以使用能涵盖各类偏差的通用词。表 4-4 举例说明了技术系统常用的引导词。类似的导语如"过早""过迟""过多""过少""过长""过短""错误方向""错误目的""错误行动"可以用来标明人为错误的模式。

表 4-4　HAZOP 引导词的例子

术　　语	定　　义
"无"或"不"(none)	计划结果根本没有实现或是计划条件缺失
过高(more)	输出结果或运行状况的量值增长
过低(less)	输出结果或运行状况的量值减少
伴随(as well as)	在完成既定要求的同时有多余事件发生
部分(part of)	部分达到设计要求
相逆(reverse)	出现与设计要求完全相反的事件
异常(other than)	出现和设计意图不相通的事件
兼容性(compatibility)	材料、环境等的兼容性能

(资料来源:风险管理　风险评估技术:GB/T27921—2011[S].北京:中国标准出版社,2011.)

注:引导词适用于下列参数。材料或过程的物理特征;温度、速度等物理条件;系统或设计组件的规定目的(如信息转化)以及运行方面。

HAZOP 分析的一般步骤如下。

(1)确定研究目标及范围。

(2)成立由多专业人员组成的团队开展 HAZOP 分析。

(3)建立一系列关键的引导词。

(4)收集必要的文件。

在研究团队的引导式研讨班上开展下列工作:一是将系统、过程或程序划分成更小的单元/子系统/过程,以进行具体的审核;二是约定各单元/子系统/过程的设计意图,然后对于各元件依次使用引导词,以描述那些会产生不良结果的可能偏差;三是如果发现不良结果,讨论可能的原因及结果,同时就处理方式提出建议,从而减少或消除影响;将讨论内容记录在案,同时约定用于处理被识别风险的具体行动。

案例

某反应系统如图 4-3 所示。该化工产品生产工艺过程属于放热反应,为保证反应正常进行,在反应器外面安装了夹套冷却水系统。当冷却能力下降时,反应器温度会上升,导致反应速率加快、反应器压力升高。若反应器内压力超过反应器的承受压力,就会发生反应器爆炸事故。为了控制反应温度,在反应器上安装了温度测量仪,并与冷却水进口阀门形成连锁系统,根据温度的高低控制冷却水的流量。

图 4-3　放热反应器的温度控制

(资料来源:蔡庄红,白航标.安全评价技术[M].3版.北京:化学工业出版社,2022.)

该反应系统的安全性主要取决于温度的控制,而温度又与冷却水流量有关,因此生产过程中冷却水流量的控制至关重要。对该反应器冷却水流量进行危险与可操作性分析,结果如表 4-5 所示。

表 4-5　反应器冷却水流量危险与可操作性分析

引导词	偏差	可能原因	后果	对策措施
空白	无冷却水	(1) 控制阀失效使阀门关闭; (2) 冷却管线堵塞; (3) 冷却水源断水; (4) 控制器失效使阀门关闭; (5) 气压使阀门关闭	(1) 反应器内温度升高; (2) 反应失控,放热量太多,反应器爆炸	(1) 安装备用控制阀或手动旁路阀; (2) 安装过滤器,防止杂质进入管线; (3) 设置备用冷却水源; (4) 安装备用控制器; (5) 安装高温报警器; (6) 安装高温紧急关闭系统; (7) 安装冷却水流量计和低流量报警器
多	冷却水流量偏高	控制阀失效使阀门开度过大	反应器温度降低,反应速率减慢,保温失控	安装备用控制阀
少	冷却水流量偏低	(1) 控制阀失效使阀门关小; (2) 冷却水管部分堵塞; (3) 水源供水不足; (4) 控制器失效使阀门关小	(1) 反应器内温度升高; (2) 反应失控,放热量太多,反应器爆炸	(1) 安装备用控制阀或手动旁路阀; (2) 安装过滤器,防止杂质进入管线; (3) 设置备用冷却水源; (4) 安装备用控制器; (5) 安装高温报警器; (6) 安装高温紧急关闭系统; (7) 安装冷却水流量计和低流量报警器

引导词	偏差	可能原因	后果	对策措施
伴随	冷却水进入反应器	反应器壁破损,冷却水压力高于反应器压力	(1) 反应器内物质被稀释; (2) 产品报废; (3) 反应器过满	(1) 安装高位和(或)压力报警器; (2) 安装溢流装置; (3) 定期检查维修设备
	产品进入夹套	反应器壁破损,反应器压力高于冷却水压力	(1) 产品进入夹套; (2) 生产能力降低; (3) 冷却能力下降; (4) 水源可能被污染	(1) 定期检查维修设备; (2) 在冷却水管上安装止逆阀,防止逆流
部分	只有一部分冷却水	同冷却水流量偏低	同冷却水流量偏低	同冷却水流量偏低
相反	冷却水反向流动	(1) 水泵失效导致反向流动; (2) 由于背压而倒流	冷却不正常,可能引起反应失控	(1) 在冷却水管上安装止逆阀; (2) 安装高温报警器
其他	除冷却水外的其他物质	(1) 水源被污染; (2) 污水倒流	冷却能力下降,可能引起反应失控	(1) 隔离冷却水源; (2) 安装止逆阀,防止污水倒流; (3) 安装高温报警器

(资料来源:蔡庄红,白航标.安全评价技术[M].3版.北京:化学工业出版社,2022.)

根据上述危险与可操作性研究分析,对该反应系统应增加如下安全措施。

(1) 安装温度报警系统,当反应器温度超过规定温度时,发出报警信号,提醒操作人员。

(2) 安装高温紧急关闭系统,当反应温度达到规定温度时,自动关闭整个过程。

(3) 在冷却水进水管和出水管上分别安装止逆阀,防止物料漏入夹套内时污染水源。

(4) 防止冷却水水源污染和供应中断。

(5) 安装冷却水流量计和低流量报警器,当冷却水流量小于规定流量时及时发出报警信号。

另外,应加强管理,制定严格的维护、检查制度,并严格执行;定期进行设备检查和维修,保持系统各部件的完好,没有渗漏;对操作人员加强教育,并制定一套完整的操作规程,必须认真遵守、严格执行操作规程,杜绝违章作业。

思政教学启示

本节主要学习了危险与可操作性分析的特点和使用方法。通过分析设计、过程、程序或系统等各个步骤中是否能实现设计意图或运行条件的方式,发现系统中存在的隐患。通过保障"各个步骤"的可靠,从而保证整个系统可靠实现的目的。可靠的"过程"是实现系统可靠的重要保障,在生活中,保障目标的同时,也要关注过程,避免过程偏差带来的整体失误。

第九节 风险矩阵

一、基本概念

风险矩阵(risk matrix)是用于识别风险和对其进行优先排序的有效工具,一旦组织的风险被识别以后,就可以依据其对组织目标的影响程度和发生的可能性等维度来绘制风险矩阵。

二、适用情况

风险矩阵通常作为一种筛查工具用来对风险进行排序,根据其在矩阵中所处的区域,确定哪些风险需要更细致地分析,或是应首先处理哪些风险。可以直观地显现组织风险的分布情况,帮助在全组织内形成对风险等级的共识,有助于管理者确定风险管理的关键控制点和风险应对方案。

三、输入和输出

需要输入的数据为风险发生的可能性与后果严重程度的评估结果。对风险发生可能性的高低、后果严重程度的评估有定性、定量等方法。定性方法是直接用文字描述风险发生可能性的高低、后果严重程度,如"极低""低""中等""高""极高"等。定量方法是对风险发生可能性的高低、后果严重程度用具有实际意义的数量描述,如对风险发生可能性的高低用概率来表示,对后果严重程度用损失金额来表示。等级标度可以为任何数量。最常见的是有 3～5 个等级,但各点定义应尽量避免含混不清。如表 4-6、表 4-7 分别列出了某公司对风险发生可能性和对目标的影响程度的定性、定量评估标准及其相互对应关系,供实际操作中参考。

表 4-6 风险发生可能性的评价标准

定量方法一	评分	1	2	3	4	5
定量方法二	一定时期发生的概率	10%以下	10%～30%	30%～70%	70%～90%	90%以上
定性方法	文字描述一	极低	低	中等	高	极高
	文字描述二	一般情况下不会发生	极少情况下才发生	某些情况下发生	较多情况下发生	常常会发生
	文字描述三	今后 10 年内可能发生少于 1 次	今后 5～10 年内可能发生 1 次	今后 2～5 年内可能发生 1 次	今后 1 年内可能发生 1 次	今后 1 年内至少发生 1 次

(资料来源:风险管理 风险评估技术:GB/T 27921—2011[S]. 北京:中国标准出版社,2011.)

表 4-7　风险对目标影响程度的评价标准

定量方法一	评分	1	2	3	4	5
定量方法二	企业财务损失占税前利润的百分比	1%以下	1%～5%	6%～10%	11%～20%	20%以上
定性方法	文字描述一	极轻微的	轻微的	中等的	重大的	灾难性的
	文字描述二	极低	低	中等	高	极高
	文字描述三 日常运行	不受影响	轻度影响(造成轻微的人身伤害,情况立刻得到控制)	中度影响(造成一定人身伤害,需要医疗救援,需要外部支持才能控制情形)	严重影响(企业失去一些业务能力,造成严重人身伤害,情况失控,但无致命影响)	重大影响(重大业务失误,造成重大人身伤亡,情况失控,给企业造成致命影响)
	文字描述三 财务损失	较低的财务损失	轻微的财务损失	中等的财务损失	重大的财务损失	极大的财务损失
	文字描述三 企业声誉	负面消息在企业内部流传,企业声誉没有受损	负面消息在当地局部流传,企业声誉受到轻微损害	负面消息在某区域流传,企业声誉受到中等损害	负面消息在全国各地流传,对企业声誉造成重大损害	监管机构进行调查,公众关注,对企业声誉造成无法弥补的损害

(资料来源:风险管理　风险评估技术:GB/T 27921—2011[S]. 北京:中国标准出版社,2011.)

输出结果是对各类风险的等级划分或是确定了重要性水平的、经分级的风险清单。

四、优点及局限

该方法简单,易于使用;显示直观,可将风险很快划分为不同的重要性水平。但是也有一些局限,必须设计出适合具体情况的矩阵,因此,很难有一个适用于组织各相关环境的通用系统;很难清晰地界定等级;主观色彩较强,不同决策者之间的等级划分结果会有明显的差别;无法对风险进行累计叠加(如人们无法将一定频率的低风险界定为中级风险)。

五、分析步骤

对风险发生可能性的高低和后果严重程度进行定性或定量评估后,依据评估结果绘制风险图谱。绘制时,横坐标轴表示结果等级,纵坐标轴表示可能性等级。如图 4-4 所示,该矩阵带有 6 个结果等级和 5 个可能性等级,其中风险等级的定义与组织决策规则和风险偏好有关。

思政教学启示

本节主要学习了风险矩阵的特点和使用方法。风险矩阵可以作为筛查工具对风险进行排序,确定需要更细致分析的风险,或应首先处理的风险。可以有效地帮助管理者快速了解系统风险的概况和重点,为解决系统工程中的重点问题提供指向。

		1	2	3	4	5	6
可以性等级	E	IV	III	II	I	I	I
	D	IV	III	III	II	I	I
	C	V	IV	III	II	II	I
	B	V	IV	III	III	II	I
	A	V	V	IV	III	II	II

结果等级

图 4-4 风险矩阵示例

（资料来源：风险管理 风险评估技术：GB/T 27921—2011[S].北京：中国标准出版社,2011.）

知识点总结

安全评价方法相关基础知识、安全评价方法相关选择、安全评价基本方法。

技 能 盘 点

掌握使用安全检查与安全检查表法进行安全评价以及掌握事件树分析法（ETA）、故障树分析（FTA）、失效模式和效应分析（FMEA）、预先危险性分析（PHA）、风险指数、危险与可操作性分析（HAZOP）的使用方法和适用环境。

思考与练习

1. 什么是安全评价？

2. 按照安全评价通则，安全评价分为哪几类？

3. 安全评价与安全管理有什么关系？

4. 安全评价方法有哪些分类方式？如何选择安全评价方法？

5. 安全检查和安全检查表有何特点？怎样编制安全检查表？

6. 常用的安全检查表主要有哪些类型？各有哪些特点？

7. 预先危险性分析方法能够鉴别系统产生危险的原因。进行预先危险性分析评价时一般有哪些步骤？

8. 危险度评价法分级的依据是什么？危险度评价法有何特点？

9. 简述危险与可操作性研究法的分析步骤。

第五章 安全对策措施

学习任务

能够对照安全对策措施的基本要求和原则,编制安全对策措施。

第一节 基本要求及原则

一、基本要求

安全对策措施和建议是安全评价的核心内容,是体现安全评价工作的重要成果。安全评价过程中,需先找出事故隐患,根据事故隐患提出相应的安全对策措施,其基本要求如下。

(1)找出的事故隐患、安全对策措施应系统、全面,涵盖被评价单位的厂址选择、厂区平面布置、工艺流程、设备、消防设施、防雷设施、防静电设施、公用工程、安全预警装置和安全管理等各个方面。

(2)找出的事故隐患、安全对策措施应按"轻、重、缓、急"划分为立即整改、限期整改、建议整改等几个等级。应与被评价单位协商安排整改进度,使安全对策措施落到实处。

(3)找出的事故隐患、安全对策措施应符合被评价单位的实际情况,针对性强、实用性强。

另外,在考虑、提出安全对策措施时,根据事故预防的原理和特点,对策措施应能做到以下几点。

(1)能消除或减弱生产过程中产生的危险、危害。

(2)处置危险和有害物,并降低到国家规定的限值内。

(3)预防生产装置失灵和操作失误产生的危险、危害。

(4)能有效地预防重大事故和职业危害的发生。

(5)发生意外事故时,能为遇险人员提供自救和互救条件。

(6)与企业的经济实力相适应,与国内安全科学技术的发展水平相适应。

二、遵循原则

在制定安全对策措施时,应遵守如下原则。

(1)安全技术措施包括直接安全技术措施、间接安全技术措施、指示性安全技术措施等,在进行选择时,既要考虑经济效益又要保证系统的安全性,宜按照下列顺序选择安全技术措施。

① 直接安全技术措施。生产设备本身应具有本质安全性能，不出现任何事故和危害。

② 间接安全技术措施。若不能或不完全能实现直接安全技术措施，必须为生产设备设计出一种或多种安全防护装置（不得留给用户去承担），最大限度地预防、控制事故或危害的发生。

③ 指示性安全技术措施。间接安全技术措施也无法实现或实施时，须采用检测报警装置、警示标志等措施，警告、提醒作业人员注意，以便采取相应的对策措施或紧急撤离危险场所。

④ 若间接、指示性安全技术措施仍然不能避免事故、危害的发生，则应加强安全管理，如采用安全操作规程、安全教育、培训和个体防护用品等措施来预防、减弱系统的危险、危害程度。

（2）安全对策措施应具有针对性、可操作性和经济合理性。

针对性是指针对不同行业的特点和评价中提出的主要危险有害因素及其后果，提出对策措施。由于危险有害因素及其后果具有隐蔽性、随机性、交叉影响性，对策措施不仅要针对某项危险有害因素孤立地采取措施，而且应以使系统全面地达到国家规定的安全指标为目的，采取优化组合的综合措施。

可操作性是指可以通过实际行动来实现某项建议、计划或方案的目标的能力。提出的对策措施是设计单位、建设单位、生产经营单位进行安全设计、建设、生产和管理的重要依据，因而对策措施应经济合理、技术可行。此外，要尽可能具体指明对策措施所依据的法规、标准，说明应采取的具体对策措施，以便应用和操作。不宜笼统地将"按某某标准有关规定执行"作为对策措施提出。

经济合理性是指不应超越国家及建设项目生产经营单位的经济、技术水平，按过高的安全指标提出安全对策措施。即在采用先进技术的基础上，考虑到进一步发展的需要，以安全法规、标准和指标为依据，结合评价对象的经济、技术状况，使安全技术装备水平与工艺装备水平相适应，求得经济、技术、安全的合理统一。

（3）对策措施应符合有关的国家标准和行业安全设计规定的要求，在安全评价中，应严格按有关设计规定的要求提出安全对策措施。

思政教学启示

本节主要学习制定安全对策的基本要求及遵循的原则，在制定安全对策时，要始终坚持"人民至上，生命至上"的原则，不能因为片面追求经济利益而忽视安全生产工作。

第二节　主要依据

一、安全生产法律法规

制定安全对策措施，首先需符合我国现行的法律法规，如《中华人民共和国安全生产法》《中华人民共和国消防法》《中华人民共和国职业病防治法》《危险化学品安全管理条例》《工伤保险条例》《劳动防护用品监督管理规定》（国家安全生产监督管理总局令第 1 号）、

《特种作业人员安全技术培训考核管理规定》(国家安全生产监督管理总局令第 30 号)等。

安全生产法律法规是企业进行安全管理的基础,是企业设立安全生产组织结构、人员培训、建立全员安全生产责任制、完善安全管理制度和安全操作规程、特种作业人员的取证、安全生产投入、日常安全检查管理、应急救援管理、重大危险源管理等的重要依据,企业应当及时跟进国家最新的法律法规,按照要求完善企业的安全管理。

二、相关规范与标准

(一)厂址及总平面布局的相关规范标准

项目选址及总平面布置,除考虑建设项目经济性和技术合理性,满足工业布局和城市规划要求,满足企业内部及与周边防火间距要求外,部分行业还应考虑与周边的卫生防护距离。

项目选址及总平面布置应符合《工业企业总平面设计规范》(GB 50187—2012)、《建筑设计防火规范》(2018 年版)(GB 50016—2014)、《工业企业设计卫生标准》(GBZ 1—2010)、《工业企业厂内铁路、道路运输安全规程》(GB 4387—2008)等标准中的相关要求。但部分行业,国家或行业有特殊规定的,应该依照其规定执行。

(1)化工企业的项目选址及总平面布置应符合《化工企业总图运输设计规范》(GB 50489—2009)、《化工企业安全卫生设计规范》(HG 20571—2014)等标准规范的要求。

(2)石油化工企业的项目选址及总平面布置应符合《石油化工企业设计防火规范》(2018 年版)(GB 50160—2008)、《石油化工工厂布置设计规范》(GB 50984—2014)等标准规范的要求。

(3)石油天然气工程的项目选址及总平面布置应符合《石油天然气工程设计防火规范》(GB 50183—2015)、《输气管道工程设计规范》(GB 50251—2015)、《输油管道工程设计规范》(GB 50253—2014)、《石油库设计规范》(GB 50074—2014)、《石油天然气工程建筑设计规范》(SY/T 0021—2016)等标准规范的要求。

(4)城镇燃气工程的项目选址及总平面布置应符合《城镇燃气设计规范》(2020 年版)(GB 50028—2006)等标准规范的要求。

(5)冶金行业的项目选址及总平面布置应符合《钢铁冶金企业设计防火规范》(GB 50414—2015)、《有色金属工程设计防火规范》(GB 50630—2010)等标准规范的要求。

(6)某些行业对卫生防护距离有特殊要求,在项目选址及总平面布置时应加以考虑。如《造纸及纸制品业卫生防护距离 第 1 部分:纸浆制造业》(GB 11654.1—2012)、《合成材料制造业卫生防护距离 第 1 部分:聚氯乙烯制造业》(GB 11655.1—2012)、《肥料制造业卫生防护距离 第 1 部分:氮肥制造业》(GB 11666.1—2012)、《非金属矿物制品业卫生防护距离 第 1 部分:水泥制造业》(GB 18068.1—2012)、《农副食品加工业卫生防护距离 第 1 部分:屠宰及肉类加工业》(GB 18078.1—2012)等。

总之,除了通用要求外,不同行业又有其各自的特点,要求也不尽相同。在实际运用过程中,要根据项目的性质灵活运用,提出具有针对性的安全对策措施。

(二)工艺及设备的相关规范标准

不同行业的工艺及设备差异很大。工艺及设备通用的安全要求主要在《生产设备安全卫生设计总则》(GB 5083—1999)、《工业企业设计卫生标准》(GBZ 1—2010)等标准规范相关内容中。对于火灾、爆炸危险环境的设备要求主要在《爆炸性环境 第1部分：设备通用要求》(GB 3836.1—2021)、《粉尘防爆安全规程》(GB 15577—2018)、《可燃性粉尘环境用电气设备 第1部分：通用要求》(GB 12476—2013)等标准规范中。

（1）化工行业属于高危险行业，对其工艺及设备的安全设施要求较高。化工行业工艺及设备安全要求主要依据《化工企业安全卫生设计规范》(HG 20571—2014)、《化工过程安全管理导则》(AQ/T 3034—2022)、《化工装置设备布置设计规定》(HG/T 20546—2009)、《化工设备基础设计规定》(HG/T 20643—2012)、《化工设备、管道外防腐设计规范》(HG/T 20679—2014)、《化工机器安装工程施工及验收规范（通用规定）》(HG/T 20203—2017)、《化工装置管道布置设计技术规定》(HG/T 20549.5—1998)、《首批重点监管的危险化工工艺安全控制要求、重点监控参数及推荐的控制方案》等。

（2）石油化工行业属于高危险行业，其对策措施的提出主要依据《石油化工工艺装置布置设计规范》(SH 3011—2011)、《石油化工装置（单元）竖向设计规范》(SH/T 3168—2011)、《石油化工钢制设备抗震设计标准》(GB/T 50761—2018)、《石油化工设备和管道绝热工程设计规范》(SH/T 3010—2013)、《石油化工设备和管道涂料防腐蚀设计规范》(SH/T 3022—2011)、《石油化工塔型设备基础设计规范》(SH/T 3030—2009)、《石油化工冷换设备和容器基础设计规范》(SH/T 3058—2016)、《石油化工设备管道钢结构表面色和标志规定》(SH/T 3043—2014)、《石油化工重载荷离心泵工程技术规范》(SH/T 3139—2011)、《石油化工离心风机工程技术规范》(SH/T 3170—2011)、《石油化工厂区管线综合技术规范》(GB 50542—2009)等。

（3）石油天然气工程的工艺及设备应符合《石油天然气工程设计防火规范》(GB 50183—2015)、《输气管道工程设计规范》(GB 50251—2015)、《输油管道工程设计规范》(GB 50253—2014)、《石油库设计规范》(GB 50074—2014)、《油气输送管道穿越工程设计规范》(GB 50423—2013)、《埋地钢质管道阴极保护技术规范》(GB/T 21448—2017)、《埋地钢质管道外壁有机防腐层技术规范》(SY/T 0061—2004)等标准规范的要求。

（4）城镇燃气工程的工艺及设备应符合《城镇燃气设计规范》(GB 50028—2006)等标准规范的要求。

（5）冶金行业的工艺及设备根据其产品、工艺不同，应分别符合《高炉炼铁工程设计规范》(GB 50427—2015)、《炼焦工艺设计规范》(GB 50432—2007)、《炼钢工程设计规范》(GB 50439—2015)、《冶金矿山选矿厂工艺设计规范》(GB 50612—2010)等标准规范的要求。

（三）电气设施及自控仪表的相关规范标准

各种企业供配电设施各不相同，但有其共同之处。供配电设施主要包括变压器、配电柜、配电箱、配电线路等。此外，对防雷、防静电设施的安全评价一般纳入电气设施及自控仪表单元评价。自控仪表对于石油化工、冶金、电力等行业是不可缺少的，也是非常重要的内容。

电气设施及自控仪表通用标准包括《低压配电设计规范》(GB 50054—2011)、《供配电系统设计规范》(GB 50052—2009)、《20kV及以下变电所设计规范》(GB 50053—2013)、《通用用电设备配电设计规范》(GB 50055—2011)、《66kV及以下架空电力线路设计规范》

（GB 50061—2010）、《建筑物防雷设计规范》（GB 50057—2010）、《自动化仪表工程施工及质量验收规范》（GB 50093—2013）等。对于火灾、爆炸危险环境，电力装置设计主要依据《爆炸危险环境电力装置设计规范》（GB 50058—2014）、《防止静电事故通用导则》（GB 12158—2006）、《危险场所电气防爆安全规范》（AQ3009—2007）等。

（1）化工行业电气设施及自控仪表除需遵循通用标准外，还必须符合《化工电气安全工作规程》（HG/T 30018—2013）、《自动化仪表选型设计规范》（HG/T 20507—2014）、《仪表供电设计规范》（HG/T 20509—2014）、《仪表供气设计规范》（HG/T 20510—2014）、《仪表配管配线设计规定》（HG/T 20512—2014）、《仪表系统接地设计规范》（HG/T 20513—2014）、《自动分析器室设计规范》（HG/T 20516—2014）等标准规范的要求。

（2）石油化工行业电气设施及自控仪表除遵循通用标准外，还须符合《石油化工装置电力设计规范》（SH/T 3038—2017）、《石油化工企业工厂供电系统设计规范》（SH/T 3060—2013）、《石油化工电气工程施工技术规程》（SH 3612—2013）、《石油化工电气工程施工质量验收规范》（SH 3552—2013）、《石油化工安全仪表系统设计规范》（GB/T 50770—2013）、《油气田及管道工程仪表控制系统设计规范》（GB/T 50892—2013）、《石油化工仪表管道线路设计规范》（SH/T 3019—2016）、《石油化工仪表供气设计规范》（SH/T 3020—2013）、《石油化工仪表供电设计规范》（SH/T 3082—2003）、《石油化工仪表安装设计规范》（SH/T 3104—2013）、《石油化工仪表系统防雷工程设计规范》（SH/T 3164—2012）等标准规范规定。

（3）石油天然气工程电气设施及自控仪表除遵循通用标准外，还必须符合《石油天然气工程设计防火规范》（GB 50183—2015）、《输气管道工程设计规范》（GB 50251—2015）、《输油管道工程设计规范》（GB 50253—2014）、《石油库设计规范》（GB 50074—2014）、《油气输送管道穿越工程设计规范》（GB 50423—2013）、《油气田及管道工程仪表控制系统设计规范》（GB/T 50892—2013）、《石油天然气建设工程施工质量验收规范自动化仪表工程》（SY 4205—2016）、《油气管道仪表及自动化系统运行技术规范》（SY/T 6069—2011）等标准规范的要求。

（四）消防设施的相关规范标准

消防设施是重要的评价内容，也是减轻事故后果的主要保障。消防设施除了消防灭火系统、疏散通道、灭火器、消防警示标志外，通常还包括火灾报警系统、消防通信系统、消防应急救援等。消防设施相关的规范标准有《消防设施通用规范》（GB 55036—2022）、《建筑设计防火规范》（2018 年版）（GB 50016—2014）、《消防安全标志　第 1 部分：标志》（GB 13495.1—2015）、《消防应急照明和疏散指示系统技术标准》（GB 51309—2018）、《自动喷水灭火系统设计规范》（GB 50084—2017）、《火灾自动报警系统设计规范》（GB 50166—2013）、《气体灭火系统设计规范》（GB 50370—2005）、《泡沫灭火系统技术标准》（GB 50151—2021）、《消防通信指挥系统设计规范》（GB 50313—2013）、《固定消防炮灭火系统设计规范》（GB 50338—2003）、《固定消防炮灭火系统施工与验收规范》（GB 50498—2009）、《干粉灭火系统设计规范》（GB 50347—2004）、《建筑灭火器配置设计规范》（GB 50140—2005）、《建筑灭火器配置验收及检查规范》（GB 50444—2008）、《自动跟踪定位射流灭火系统技术标准》（GB 51427—2021）等。

（1）化工行业的消防设施除遵循通用标准外，还必须符合《化工企业安全卫生设计规范》（HG 20571—2014）等标准规范相关内容的要求。

（2）石油化工行业的消防设施除遵循通用标准外，还必须符合《石油化工企业设计防火规范》（2018年版）（GB 50160—2008）等标准规范相关内容的要求。

（3）石油天然气工程的消防设施除遵循通用标准外，还必须符合《石油天然气工程设计防火规范》（GB 50183—2015）、《输气管道工程设计规范》（GB 50251—2015）、《输油管道工程设计规范》（GB 50253—2014）、《石油库设计规范》（GB 50074—2014）、《油气田消防站建设规范》（SY/T 6670—2006）等标准规范相关内容的要求。

（五）特种设备的相关规范标准

特种设备是指涉及生命安全、危险性较大的锅炉、压力容器（含气瓶，下同）、压力管道、电梯、起重机械、客运索道、大型游乐设施和场（厂）内专用机动车辆。特种设备的标准规范对各行业普遍适用，通用的标准规范、规章包括《特种设备安全监察条例》《起重机械安全监察规定》《压力管道定期检验规则长输（油气）管道》（TSG D7003—2010）、《压力管道定期检验规则公用管道》（TSG D7004—2010）、《起重机械安全技术监察规程——桥式起重机》（TSG Q0002—2008）、《固定式压力容器安全技术监察规程》（TSG 21—2016）、《移动式压力容器安全技术监察规程》（TSG R0005—2011）、《气瓶附件安全技术监察规程》（TSG RF001—2009）、《安全阀安全技术监察规程》（TSG ZF001—2006）、《气瓶充装站安全技术条件》（GB 27550—2011）、《塔式起重机安全规程》（GB 5144—2006）、《锅炉安全技术监察规程》（TSG G0001—2012）、《特种设备作业人员监督管理办法》、《起重机械安全规程 第1部分：总则》（GB 6067—2010）等标准规范中相关规定。

思政教学启示

本节我们了解了制定安全对策措施的主要依据，主要包括安全生产法律法规和相关的规范与标准。安全生产是国家的一项长期基本国策，是保护劳动者的安全、健康和国家财产，促进社会生产力发展的基本保证，也是保证社会主义经济发展，进一步实行改革开放的基本条件。国家为了促进安全生产水平，制定了丰富的法律法规、规范标准，以往经验表明，安全事故往往是由于生产经营单位违法、违规或未按照规范标准制定安全对策而引起的。因此，需要我们的安全评价人员学习各类安全相关的法规和规范，制定的安全对策措施合法合规、切实可行，才能体现安全评价在安全生产中的重要性。

第三节　安全对策措施

安全对策措施可分为安全技术对策措施和安全管理对策措施，安全技术对策措施主要包括：厂址及厂区平面布置的对策措施；防火、防爆对策措施；电气安全对策措施；机械伤害对策措施；其他安全对策措施（包括高处坠落、物体打击、安全色、安全标志等方面）。安全管理对策措施主要包括：安全生产管理的组织结构的设立、人员培训、安全生产责任制、安全管理制度和安全操作规程、特种作业人员的取证、安全生产投入、日常安全检查管理、应急救援管理、重大危险源管理等。

一、安全技术对策措施

安全技术对策措施的原则是按照直接技术措施、间接技术措施、指示性技术措施的顺序进行选择,优先选择无危险或危险性较小的工艺和物料,广泛采用综合机械化、自动化生产装置(生产线)以及自动化监测、报警、排除故障和安全连锁保护等装置,实现自动化控制、遥控或隔离操作。尽可能防止操作人员在生产过程中直接接触可能产生危险因素的设备、设施和物料,使系统在人员误操作或生产装置(系统)发生故障的情况下也不会造成事故的综合措施是应优先采取的对策措施。

(一)厂址及厂区平面布局的对策措施

1. 项目选址

项目选址时,除考虑建设项目经济性和技术合理性并满足工业布局和城市规划要求外,在安全方面应重点考虑地质、地形、水文、气象等自然条件对企业安全生产的影响和企业与周边区域的相互影响。

1)自然条件的影响

(1)不得在各类(风景、自然、历史文物古迹、水源等)保护区、有开采价值的矿藏区、各种(滑坡、泥石流、溶洞、流沙等)直接危害地段、高放射本底区、采矿陷落(错动)区、淹没区、发震断层区、地震烈度高于九度地震区、Ⅳ级湿陷性黄土区、Ⅲ级膨胀土区地方病高发区和化学废弃物层上面建设。

(2)依据地震、台风、洪水、雷击、地形和地质构造等自然条件资料,结合建设项目生产过程和特点采取易地建设或采取有针对性的、可靠的对策措施。例如,设置可靠的防洪排涝设施,按地震烈度要求设防,工程地质和水文地质不能完全满足工程建设需要时采取补救措施,产生有毒气体的工厂不宜设在盆地窝风处等。

(3)对产生和使用危险危害性大的工业产品、原料、气体、烟雾、粉尘、噪声、振动和电离、非电离辐射的建设项目,还必须依据国家有关专门(专业)法规、标准的要求,提出对策措施。例如,生产和使用氰化物的建设项目禁止建在水源的上游附近。

2)与周边区域的相互影响

除环保、消防行政部门管理的范畴外,主要考虑风向和建设项目与周边区域(特别是周边生活区、旅游风景区、文物保护区、航空港和重要通信、输变电设施和开放型放射工作单位、核电厂、剧毒化学品生产厂等)在危险、危害性方面相互影响的程度,采取位置调整、按国家规定保持安全距离和卫生防护距离等对策措施。

2. 厂区总平面布局

在满足生产工艺流程、操作要求、使用功能需要和消防、环保要求的同时,主要从风向、安全(防火)距离、交通运输安全和各类作业、物料的危险、危害性出发,在总平面布局方面采取对策措施。

1)功能分区

将生产区、辅助生产区(含动力区、储运区等)、管理区和生活区按功能相对集中分别布置,布置时应考虑生产流程、生产特点和火灾爆炸危险性,结合地形、风向等条件,以减少危险有害因素的交叉影响。管理区、生活区一般应布置在全年或夏季主导风向的上风侧或全年最小风频风向的下风侧。

辅助生产设施的循环冷却水塔(池)不宜布置在变配电所、露天生产装置和铁路冬季主导风向的上风侧和怕受水雾影响设施全年主导风向的上风侧。

2)厂内运输和装卸

厂内运输和装卸包括厂内铁路、道路,输送机通廊和码头等运输和装卸(含危险品的运输、装卸)。应根据工艺流程、货运量、货物性质和消防的需要,选用适当运输和运输衔接方式,合理组织车流、物流、人流(保持运输畅通、物流顺畅且运距最短、经济合理,避免迂回和平面交叉运输、道路与铁路平交和人车混流等),为保证运输、装卸作业安全,应从设计上对厂内的路和道路(包括人行道)的布局、宽度、坡度、转弯(曲线)半径、净空高度、安全界线及安全视线、建筑物与道路间距和装卸(特别是危险品装卸)场所、堆扬(仓库)布局等方面采取对策措施。

依据行业、专业标准(如化工企业、炼油厂、工业锅炉房、氧气站、乙炔站等)规定的要求,应采取其他运输、装卸对策措施。

根据满足工艺流程的需要和避免危险有害因素交叉影响的原则,布置厂房内的生产装置、物料存放区和必要的运输、操作、安全、检修通道。

3)危险设施/处理有害物质设施的布置

可能泄漏或散发易燃、易爆、腐蚀、有毒、有害介质(气体、液体、粉尘等)的生产、储存和装卸设施(包括锅炉房、污水处理设施等)、有害废弃物堆场等的布置应遵循以下原则。

(1)应远离管理区、生活区、中央实(化)验室、仪表修理间,尽可能露天、半封闭布置。应布置在人员集中场所、控制室、变配电所和其他主要生产设备的全年或夏季主导风向的下风侧或全年最小风频风向的上风侧并保持安全、卫生防护距离;当评价出的危险、危害半径大于规定的防护距离时,宜采用评价推荐的距离。储存、装卸区宜布置在厂区边缘地带。

(2)有毒、有害物质的有关设施应布置在地势平坦、自然通风良好地段,不得布置在窝风低洼地段。

(3)剧毒物品的有关设施还应布置在远离人员集中场所的单独地段内,宜以围墙与其他设施隔开。

(4)腐蚀性物质的有关设施应按地下水位和流向,布置在其他建筑物、构筑物和设备的下游。

(5)易燃易爆区应与厂内外居住区、人员集中场所、主要人流出入口,铁路、道路干线和产生明火地点保持安全距离;易燃易爆物质仓储、装卸区宜布置在厂区边缘,可能泄漏、散发液化石油气及相对密度大于0.7的可燃气体和可燃蒸气的装置不宜毗邻生产控制室、变配电所布置;油、气储罐宜低位布置。

(6)辐射源(装置)应设在僻静的区域,与居住区、人员集中场所和交通主干道、主要人行道保持安全距离。

4)强噪声源、振动源的布置

(1)主要噪声源应符合《工业企业厂界噪声标准》《工业企业噪声控制设计规范》《工业

企业设计卫生标准》等的要求,噪声源应远离厂内外要求安静的区域,宜相对集中、低位布置;高噪声厂房与低噪声厂房应分开布置,其周围宜布置对噪声非敏感设施(如辅助车间、仓库、堆场等)和较高大、朝向有利于隔声的建(构)筑物作为缓冲带;交通干线应与管理区、生活区保持适当距离。

(2)强振动源(包括锻锤、空压机、压缩机、振动落砂机、重型冲压设备等生产装置,发动机实验台和火车、重型汽车道路等)应与管理、生活区和对其敏感的作业区(如实验室、超精加工、精密仪器等)之间,按功能需要和精密仪器、设备的允许振动速度要求保持防震距离。

5)建筑物自然通风及采光

为了满足采光、避免日晒和自然通风的需要,建筑物的采光应符合《工业企业采光设计标准》和《工业企业设计卫生标准》的要求,建筑物(特别是热加工和散发有害介质的建筑物)的朝向应根据当地纬度和夏季主导风向确定(一般夏季主导风向与建筑物长轴线垂直或夹角应大于45°)。半封闭建筑物的开口方向,面向全年主导风向,其开口方向与主导风向的夹角不宜大于45°。在丘陵、盆地和山区,则应综合考虑地形、纬度和风向来确定建筑物的朝向。建筑物的间距应满足采光、通风和消防要求。

6)其他要求

其他要求主要包括依据《工业企业总平面设计规范》《厂矿道路设计规范》、行业规范(机械、化工、石化、冶金、核电厂等)和有关单体、单项(石油库、氧气站、压缩空气站、乙炔站、锅炉房、冷库、辐射源和管路布置等)规范的要求,应采取的其他相应的平面布置对策措施。

(二)防火、防爆对策措施

1. 防火、防爆对策措施的原则

根据物质燃烧、爆炸原理,防止发生火灾爆炸事故的基本原则如下。

(1)控制可燃物和助燃物浓度、温度、压力及混触条件,避免物料处于燃爆的危险状态。

(2)消除一切足以引起起火爆炸的点火源。

(3)采取各种阻隔手段,阻止火灾爆炸事故的扩大。

2. 防火、防爆对策措施

防火、防爆对策措施可分为预防性技术措施和减轻性技术措施。

1)预防性技术措施

(1)排除能引起爆炸的各类可燃物质。

① 在生产过程中尽量不用或少用具有爆炸危险的各类可燃物质。

② 生产设备应尽可能保持密闭状态,防止"跑、冒、滴、漏"。

③ 加强通风除尘。

④ 预防可燃气体或易挥发性液体泄漏,设置可燃气体浓度报警装置。

⑤ 利用惰性介质进行保护。

⑥ 防止可燃粉尘、可燃气体积聚。

（2）消除或控制能引起爆炸的各种火源。

① 防止撞击、摩擦产生火花。

② 防止高温表面成为点火源。

③ 防止日光照射。

④ 防止电气故障。

⑤ 消除静电火花。

⑥ 防止雷电火花。

⑦ 防止明火。

2）减轻性技术措施

（1）采取泄压措施。

在建筑围护结构设计中设置一些泄压口或泄压面,当爆炸发生时,这些泄压口或泄压面首先被破坏,使高温高压气体得以泄放,从而降低爆炸压力,使主要承重或受力结构不发生破坏。

（2）采用抗爆性能良好的建筑结构。

加强建筑结构主体的强度和刚度,使其在爆炸中足以抵抗爆炸冲击而不倒塌。

（3）采取合理的建筑布置。

在建筑设计时,根据建筑生产、储存的爆炸危险性,在总平面布局和平面布置上合理设计,尽量减小爆炸的作用范围。

（三）电气安全对策措施

电气安全以防触电、电气防火防爆、防静电和防雷击为重点,提出防止电气事故的对策措施。

1. 防触电

1）接零、接地保护系统

在建设项目中,中性点接地的低压电网应优先采用 TN-S、TN-C-S 保护系统。

2）漏电保护器

在电源中性点直接接地的 TN、TT 保护系统中,在规定的设备、场所范围内必须安装漏电保护器(部分标准称作漏电流动作保护器、剩余电流动作保护器)和实现漏电保护器的分级保护。一旦发生漏电,切断电源时会造成事故和重大经济损失的装置和场所,应安装报警式漏电保护器。

3）绝缘

根据环境条件(潮湿高温、有导电性粉尘、腐蚀性气体、金属占有系数大的工作环境,如机加工、铆工、电炉电极加工、锻工、铸工、酸洗、电镀、漂染车间和水泵房、空压站、锅炉房等场所)选用加强绝缘或双重绝缘(Ⅱ类)的电动工具、设备和导线;采用绝缘防护用品(绝缘手套、绝缘鞋、绝缘垫等)、不导电环境(地面、墙面均用不导电材料制成);上述设备和环境均不得有保护接零或保护接地装置。

4）电气隔离

采用原、副边电压相等的隔离变压器,实现工作回路与其他回路电气上的隔离。在隔离变压器的副边构成一个不接地隔离回路(工作回路),可阻断在副边工作的人员单向触电时电击电流的通路。

隔离变压器的原、副边间应有加强绝缘,副边回路不得与其他电气回路、大地、保护接零(地)线有任何连接;应保证隔离回路(副边)电压 $U \leqslant 500V$、线路长度 $L \leqslant 200m$,且副边电压与线路长度的乘积 $U \cdot L \leqslant 100000Vm$;副边回路较长时,还应装设绝缘监测装置;隔离回路带有多台用电设备时,各设备金属外壳间应采取等电位连接措施,所用的插座应带有供等电位连接的专用插孔。

5)安全电压(或称安全特低电压)

直流电源采用低于 120V 的电源。

交流电源用专门的安全隔离变压器(或具有同等隔离能力的发电机、独立绕组的变流器、电子装置等)提供安全电压电源(36V、24V、12V、6V)并使用Ⅲ类设备、电动工具和灯具。应根据作业环境和条件选择工频安全电压额定值(即在潮湿、狭窄的金属容器、隧道、矿井等工作的环境,宜采用 12V 安全电压)。

用于安全电压电路的插销、插座应使用专用的插销、插座,不得带有接零或接地插头和插孔;安全电压电源的原、副边均应装设熔断器作短路保护。

当电气设备采用 24V 以上安全电压时,必须采取防止直接接触带电体的保护措施。

6)屏护和安全距离

(1)屏护包括屏蔽和障碍,是指能防止人体有意、无意触及或过分接近带电体的遮拦、护罩、护盖、箱匣等装置,是将带电部位与外界隔离,防止人体误入带电间隔的简单、有效的安全装置。例如,开关盒、母线防护网、高压设备的围栏、变配电设备的遮拦等。

屏护上应根据屏护对象特征挂有警示标志,必要时还应设置声、光报警信号和连锁保护装置,当人体越过屏护装置接近带电体时,声、光报警且被屏护的带电体自动断电。

(2)安全距离是指有关规程明确规定的、必须保持的带电部位与地面、建筑物、人体、其他设备、其他带电体、管道之间的最小电气安全空间距离。安全距离的大小取决于电压的高低、设备的类型和安装方式等因素,设计时必须严格遵守安全距离规定;当无法达到安全距离时,还应采取其他安全技术措施。

7)连锁保护

设置防止误操作、误入带电间隔等造成触电事故的安全连锁保护装置。例如,变电所的程序操作控制锁、双电源的自动切换连锁保护装置、打开高压危险设备屏护时的报警和带电装置自动断电保护装置、电焊机空载断电或降低空载电压装置等。

8)其他对策措施

其他对策措施包括防止中间触电的电气间隔、等电位环境和不接地系统防止高压窜入低压的措施等。

2. 电气防火防爆对策措施

1)消除或减少爆炸性混合物

消除或减少爆炸性混合物属一般性防火防爆措施。例如,采取封闭式作业,防止爆炸性混合物泄漏;清理现场积尘,防止爆炸性混合物积累;设计正压室,防止爆炸性混合物侵入;采取开式作业或通风措施,稀释爆炸性混合物;在危险空间充填惰性气体或不活泼气体,防止形成爆炸性混合物;安装报警装置等。

在爆炸危险环境,如有良好的通风装置,能降低爆炸性混合物的浓度,从而降低环境的危险等级。

蓄电池可能有氢气排出,应有良好的通风。变压器室一般采用自然通风,若采用机械通风,其送风系统不应与爆炸危险环境的送风系统相连,且供给的空气不应含有爆炸性混合物或其他有害物质。几间变压器室共用一套送风系统时,每个送风支管上应装防火阀,其排风系统应独立装设。排风口不应设在窗口的正下方。

通风系统应用非燃烧性材料制作,结构应坚固,连接应紧密。通风系统内不应有阻碍气流的死角。电气设备应与通风系统连锁,运行前必须先通风。进入电气设备和通风系统内的气体不应含有爆炸危险物质或其他有害物质。通风系统排出的废气,一般不应排入爆炸危险环境。对于闭路通风的防爆通风型电气设备及其通风系统,应供给清洁气体以补充漏损,保持系统内的正压。电气设备外壳及其通风、充气系统内的门或盖子上,应有警告标志或连锁装置,防止运行中错误打开。爆炸危险环境内的事故排风用电动机的控制设备,应设在事故情况下便于操作的地方。

2)隔离和间距

隔离是将电气设备分室安装,并在隔墙上采取封堵措施,以防止爆炸性混合物进入。电动机隔墙传动时,应在轴与轴孔之间采取适当的密封措施;将工作时产生火花的开关设备装于危险环境范围以外(如墙外);采用室外灯具通过玻璃窗给室内照明等,都属于隔离措施。将普通拉线开关浸泡在绝缘油内运行并使油面有一定高度,保持油的清洁;将普通日光灯装入高强度玻璃管内并用橡皮塞严密堵塞两端等,都属于简单的隔离措施。

变、配电室与爆炸危险环境或火灾危险环境毗连时,隔墙应用非燃性材料制成。与1区和10区环境共用的隔墙上,不应有任何管子、沟道穿过;与2区或11区环境共用的隔墙上,只允许穿过与变、配电室有关的管子和沟道,孔洞、沟道应用非燃性材料严密堵塞。

毗连变、配电室的门及窗应向外开,并通向无爆炸或火灾危险的环境。

室外变、配电站与建筑物、堆场、储罐应保持规定的防火间距,且变压器油量越大,建筑物耐火等级越低及危险物品储量越大者,所要求的间距也越大,必要时可加防火墙。露天变、配电装置不应设置在易于沉积可燃粉尘或可燃纤维的地方。

为了防止电火花或危险温度引起火灾,开关、插销、熔断器、电热器具、照明器具、电焊设备和电动机等,均应根据需要适当避开易燃物或易燃建筑构件。起重机滑触线的下方不应堆放易燃物品。

10kV及其以下架空线路,严禁跨越火灾和爆炸危险环境;当线路与火灾和爆炸危险环境接近时,其间水平距离一般不应小于杆柱高度的1.5倍;在特殊情况下,采取有效措施后允许适当减小距离。

3)消除引燃源

为了防止出现电气引燃源,应根据爆炸危险环境的特征以及危险物的级别和组别选用电气设备和电气线路,并保持电气设备和电气线路安全运行。安全运行包括电流、电压、温升和温度等参数不超过允许范围,还包括绝缘良好、连接和接触良好、整体完好无损、清洁、标志清晰等。

在爆炸危险环境,应尽量少用携带式电气设备,少装插销座和局部照明灯。为了避免产生火花,在爆炸危险环境更换灯泡时应停电操作。在爆炸危险环境内一般不应进行测量操作。

4) 爆炸危险环境接地和接零

(1) 整体性连接。在爆炸危险环境,必须将所有设备的金属部分、金属管道以及建筑物的金属结构全部接地(或接零)并连接成连续整体,以保持电流途径不中断。接地(或接零)干线宜在爆炸危险环境的不同方向且不少于两处与接地体相连,连接要牢固,以提高可靠性。

(2) 保护导线。单相设备的工作零线应与保护零线分开,相线和工作零线均应装有短路保护元件,并装设双极开关同时操作相线和工作零线。1 区和 10 区的所有电气设备,2 区除照明灯具以外的其他电气设备应使用专门接地(或接零)线,而金属管线、电缆的金属包皮等只能作为辅助接地(或接零)。除输送爆炸危险物质的管道以外,2 区的照明器具和 20 区的所有电气设备,允许利用连接可靠的金属管线或金属桁架作为接地(或接零)线。

(3) 保护方式。在不接地配电网中,必须装设一相接地时或严重漏电时能自动切断电源的保护装置或能发出声、光双重信号的报警装置。在变压器中性点直接接地的配电网中,为了提高可靠性,缩短短路故障持续时间,系统单相短路电流应当大一些。

3. 防静电对策措施

为预防静电妨碍生产、影响产品质量、引起静电电击和火灾爆炸,从消除、减弱静电的产生和积累着手采取对策措施。

1) 工艺控制

从工艺流程、材料选择、设备结构和操作管理等方面采取措施,减少、避免静电荷的产生和积累。

对因经常发生接触、摩擦、分离而起电的物料和生产设备,宜选用在静电起电极性序列表中位置相近的物质(或在生产设备内衬配与生产物料相同的材料层);或生产设备采取合理的物质组合,使分别产生的正、负电荷相互抵消,最终达到起电最小的目的。选用导电性能好的材料,可限制静电的产生和积累。

在搅拌过程中,适当安排加料顺序和每次加料量,可降低静电电压。

用金属齿轮传动代替皮带传动,采用导电皮带轮和导电性能较好的皮带(或皮带涂以导电性涂料),选择防静电运输皮带、抗静电滤料等。

在生产工艺设计上,控制输送、卸料、搅拌速度,尽可能使有关物料接触压力较小、接触面积较小、接触次数较少、运动和分离速度较慢。

生产设备和管道内、外表面应光滑平整、无棱角,容器内避免有静电放电条件的细长导电性突出物,管道直径不应有突变,避免粉料不正常滞留、堆积和飞扬等。还应配备密闭、清扫和排放粉料的装置。

带电液体、强带电粉料经过静电发生区后,工艺上应设置静电消散区(如设置缓和容器和静停时间等),避免静电积累。

尽量减少带电液体的杂质和水分,可燃液体表面禁止存在不接地导体漂浮物;气流输送物料系统内应防止金属导体混入,形成对地绝缘导体。

2）泄漏

生产设备和管道应避免采用静电非导体材料制造。所有存在静电引起爆炸和静电影响生产的场所，其生产装置（设备和装置外壳、管道、支架、构件、部件等）都必须接地，使已产生的静电电荷尽快对地泄漏、散失。对金属生产装置应采用直接静电接地，非金属静电导体和静电亚导体的生产装置则应作间接接地。

金属导体与非金属静电导体、静电亚导体互相联结时，接触面之间应加降低接触电阻的金属箔或涂导电性涂料。

必要时，还应采取将局部环境相对湿度增至 50%～70% 和将亲水性绝缘材料增湿，以降低绝缘体表面电阻；或加适量防静电添加剂（石墨、炭黑、金属粉、合成脂肪酸盐、油酸等）来降低物料的电阻率等措施，加速静电的泄漏。

在气流输送系统的管道中央，顺流向加设两端接地的金属线，以降低静电电位。

装卸甲、乙和丙 A 类的油品的场所（包括码头），应设有为油罐车（轮船）等移动式设备跨接的防静电接地装置；移动式设备、油品装卸设备均应静电接地、连接。

移动设备在工艺操作或运输之前，就将接地工作做好；工艺操作结束后，经过规定的静置时间，才能拆除接地线。

在爆炸危险场所的工作人员禁止穿戴化纤、丝绸衣物，应穿戴防静电的工作服、鞋、手套；火药加工场所，必要时操作人员应佩戴接地的导电的腕带、腿带和围裙；地面均应配用导电地面。

生产现场使用静电导体制作的操作工具，应予接地。

禁止采用直接接地的金属导体或筛网与高速流动的可燃粉末接触的方法消除静电。

3）中和

采用各类感应式、高压电源式和放射源式等静电消除器（中和器）消除（中和）、减少非导体的静电，各类静电消除器的接地端应按说明书的要求进行接地。

4）屏蔽

用屏蔽体来屏蔽非带电体，能使之不受外界静电场的影响。

5）综合措施

综合采取工艺控制、泄漏、中和、屏蔽等措施，使系统的静电电位、泄漏电阻、空间平均电场强度、面电荷密度等参数控制在各行业、专业标准规定的限值范围内。

6）其他措施

其他措施主要包括根据行业、专业有关静电标准（化工、石油、橡胶、静电喷漆等）的要求，应采取的其他对策措施。

4. 防雷对策措施

应当根据建筑物和构筑物、电力设备以及其他保护对象的类别和特征，分别对直击雷、雷电感应、雷电侵入波等采取适当的防雷措施。

1）直击雷防护

第一类防雷建筑物、第二类防雷建筑物和第三类防雷建筑物的易受雷击部位应采取防直击雷的防护措施；可能遭受雷击，且一旦遭受雷击后果比较严重的设施或堆料（如装卸油台、露天油罐、露天储气罐等）也应采取防直击雷的防护措施；高压架空电力线路、发电厂和变电站等也应采取防直击雷的防护措施。

装设避雷针、避雷线、避雷网、避雷带是直击雷防护的主要措施。

避雷针分独立避雷针和附设避雷针。独立避雷针是离开建筑物单独装设的。一般情况下,其接地装置应当单设,接地电阻一般不应超过 10Ω。严禁在装有避雷针的建筑物上架设通信线、广播线或低压线。利用照明灯塔作独立避雷针支柱时,为了防止将雷电冲击电压引进室内,照明电源线必须采用铅皮电缆或穿入铁管,并将铅皮电缆或铁管埋入地下。独立避雷针不应设在人经常通行的地方。

附设避雷针是装设在建筑物或构筑物屋面上的避雷针。多支附设避雷针相互之间应连接起来,有其他接闪器者(包括屋面钢筋和金属屋面)也应相互连接起来,并与建筑物或构筑物的金属结构连接起来。其接地装置可以与其他接地装置共用,宜沿建筑物或构筑物四周敷设,其接地电阻不宜超过 $1\sim2\Omega$。如利用自然接地体,为了可靠起见,还应装设人工接地体。人工接地体的接地电阻不宜超过 5Ω。装设在建筑物屋面上的接闪器应当互相连接起来,并与建筑物或构筑物的金属结构连接起来。建筑物混凝土内用于连接的单一钢筋的直径不得小于 10mm。

露天装设的有爆炸危险的金属储罐和工艺装置,当其壁厚不小于 4mm 时,一般可不再装设接闪器,但必须接地。接地点不应少于两处,其间距不应大于 30m,冲击接地电阻不应大于 30Ω。

利用山势装设的远离被保护物的避雷针或避雷线,不得作为被保护物的主要直击雷防护措施。

2)感应雷防护

雷电感应也能产生很高的冲击电压,在电力系统中应与其他过电压同样考虑;在建筑物和构筑物中,应主要考虑由二次放电引起爆炸和火灾的危险。无火灾和爆炸危险的建筑物及构筑物一般不考虑雷电感应的防护。

(1)静电感应防护

为了防止静电感应产生的高电压,应将建筑物内的金属设备、金属管道、金属架、钢架、钢窗、电缆金属外皮,以及突出屋面的放散管、风管等金属物件与防雷电感应的接地装置相连。屋面结构钢筋宜绑扎或焊接成闭合回路。

根据建筑物的不同屋顶,应采取相应的防止静电感应的措施。对于金属屋顶,应将屋顶妥善接地;对于钢筋混凝土屋顶,应将屋面钢筋焊成边长为 $5\sim12$m 的网格,连成通路并予以接地;对于非金属屋顶,宜在屋顶上加装边长为 $5\sim12$m 的金属网格,并予以接地。

屋顶或其上金属网格的接地可以与其他接地装置共用。防雷电感应接地干线与接地装置的连接不得少于两处。

(2)电磁感应防护

为防止电磁感应,平行敷设的管道、构架、电缆相距不到 100mm 时,须用金属线跨接,跨接点之间的距离不应超过 30m;交叉相距不到 100mm 时,交叉处也应用金属线跨接。

此外,管道接头、弯头、阀门等连接处的过渡电阻大于 0.03Ω 时,连接处也应用金属线跨接。在非腐蚀环境,对于 5 根及 5 根以上螺栓连接的法兰盘,以及对于第二类防雷建筑物可不跨接。

防电磁感应的接地装置也可与其他接地装置共用。

（3）雷电侵入波防护

雷击低压线路时，雷电侵入波将沿低压线传入用户，进入户内。特别是采用木杆或木横担的低压线路，由于其对地冲击绝缘水平很高，会使很高的电压进入户内，酿成大面积雷害事故。除电气线路外，架空金属管道也有引入雷电侵入波的危险。

对于建筑物，雷电侵入波可能引起火灾或爆炸，也可能伤及人身。因此，必须采取防护措施。

条件许可时，第一类防雷建筑物全长宜采用直接埋地电缆供电；爆炸危险较大或平均雷暴日 30d/a 以上的地区，第二类防雷建筑物应采用长度不小于 50m 的金属铠装直接埋地电缆供电。

户外天线的馈线邻近避雷针或避雷针引下线时，馈线应穿金属管线或采用屏蔽线，并将金属管或屏蔽线接地。如果馈线未穿金属管且不是屏蔽线，则应在馈线上装设避雷器或放电间隙。

（4）电子设备防雷

依据电子设备受雷电影响程度、环境条件、工作状态和电子设备的介质绝缘强度、耐流量、阻抗，确定受保护设备的耐过电压能力的等级，通过在电路上串联或并联保护元件，切断或短路直击雷、雷电感应引起的过电压，保护电子设备不受到破坏。常用的保护元件有气体放电管、压敏电阻、热线圈、熔丝、排流线圈、隔离变压器等。

（四）机械伤害防护措施

机械伤害风险的大小取决于机器的类型、用途、使用方法，人员的知识、技能、工作态度；同时，还与人们对危险的了解程度和所采取的避免危险的技能有关。预防机械伤害包括两方面的对策。

（1）实现机械本质安全。消除产生危险的原因；减少或消除接触机器危险部件的次数；使人们难以接近机器的危险部位；提供保护装置或者个人防护装备。

（2）保护操作者和有关人员安全。通过安全培训，提高人们辨识危险的能力；通过对机械的重新设计，使危险部位更加醒目，或者使用安全警示标志；通过培训，提高避免伤害的能力；采取必要的行动增强避免伤害的自觉性。

二、安全管理对策措施

安全管理不善属于引发事故的深层次原因，因此安全管理对策措施与安全技术对策措施处于同一层面，其在企业的安全生产工作中与前者起着同等重要的作用。

安全管理对策措施通过一系列管理手段将企业的安全生产工作整合、完善、优化，将人、机、物、环等涉及安全生产工作的各个环节有机地结合起来，保证企业生产经营活动在安全健康的前提下正常开展，使安全技术对策措施发挥最大的作用。在某些缺乏安全技术对策措施的情况下，为了保证生产经营活动的正常进行，必须依靠安全管理对策措施的作用加以弥补。

（一）建立制度

《中华人民共和国安全生产法》（2021 年修正，简称《安全生产法》）第四条规定："生产经营单位必须遵守本法和其他有关安全生产的法律、法规,加强安全生产管理,建立健全全员安全生产责任制和安全生产规章制度,加大对安全生产资金、物资、技术、人员的投入保障力度,改善安全生产条件,加强安全生产标准化、信息化建设,构建安全风险分级管控和隐患排查治理双重预防机制,健全风险防范化解机制,提高安全生产水平,确保安全生产。平台经济等新兴行业、领域的生产经营单位应当根据本行业、领域的特点,建立健全并落实全员安全生产责任制,加强从业人员安全生产教育和培训,履行本法和其他法律、法规规定的有关安全生产义务。"

《安全生产法》要求企业建立全员安全生产责任制以及相关的安全生产规章制度。目前我国还没有明确的安全生产规章制度分类标准。从广义上讲,安全生产规章制度应包括安全管理和安全技术两个方面的内容。一般生产经营单位安全生产规章制度体系应主要包括以下内容。

1. 综合安全管理制度

综合安全管理制度包括:安全生产管理目标、指标和总体原则;全员安全生产责任制;安全管理定期例行工作制度;承包与发包工程安全管理制度;安全设施和费用管理制度;重大危险源管理制度;危险物品使用管理制度;消防安全管理制度;安全风险分级管控和隐患排查治理双重预防工作制度;交通安全管理制度;防灾减灾管理制度;事故调查报告处理制度;应急管理制度;安全奖惩制度等。

2. 人员安全管理制度

人员安全管理制度包括:安全教育培训制度;劳动防护用品发放使用和管理制度;安全工器具的使用管理制度;特种作业及特殊危险作业管理制度;岗位安全规范;职业健康检查制度;现场作业安全管理制度等。

3. 设备设施安全管理制度

设备设施安全管理制度包括:"三同时"制度;定期巡视检查制度;定期维护检修制度;定期检测、检验制度;安全操作规程等。

4. 环境安全管理制度

环境安全管理制度包括:安全标志管理制度;作业环境管理制度;职业卫生管理制度等。高危行业的生产经营单位还应根据相关法律法规进行补充和完善。

(二)完善机构和人员配置

《安全生产法》第二十四条规定:"矿山、金属冶炼、建筑施工、运输单位和危险物品的生产、经营、储存、装卸单位,应当设置安全生产管理机构或者配备专职安全生产管理人员。前款规定以外的其他生产经营单位,从业人员超过一百人的,应当设置安全生产管理机构或者配备专职安全生产管理人员;从业人员在一百人以下的,应当配备专职或者兼职的安全生产管理人员。"

建立并完善生产经营单位的安全管理组织机构和人员配置,保证各类安全生产管理制度能认真贯彻执行是保障安全生产的重要前提。建立健全全员安全生产责任制,将安全责任落实到企业的各个层级,各级领导重视安全生产工作,切实贯彻执行党的安全生产方针、政策和国家的安全生产法规,在认真负责地组织生产的同时,积极采取措施,改善劳动条件,生产安全事故就会减少。

（三）安全培训、教育和考核

《安全生产法》第二十八条规定:

"生产经营单位应当对从业人员进行安全生产教育和培训,保证从业人员具备必要的安全生产知识,熟悉有关的安全生产规章制度和安全操作规程,掌握本岗位的安全操作技能,了解事故应急处理措施,知悉自身在安全生产方面的权利和义务。未经安全生产教育和培训合格的从业人员,不得上岗作业。

"生产经营单位使用被派遣劳动者的,应当将被派遣劳动者纳入本单位从业人员统一管理,对被派遣劳动者进行岗位安全操作规程和安全操作技能的教育和培训。劳务派遣单位应当对被派遣劳动者进行必要的安全生产教育和培训。

"生产经营单位接收中等职业学校、高等学校学生实习的,应当对实习学生进行相应的安全生产教育和培训,提供必要的劳动防护用品。学校应当协助生产经营单位对实习学生进行安全生产教育和培训。

"生产经营单位应当建立安全生产教育和培训档案,如实记录安全生产教育和培训的时间、内容、参加人员以及考核结果等情况。"

对作业人员要加强职业培训、教育,使作业人员具有高度的安全责任心、缜密的态度,并且要熟悉相应的业务,有熟练的操作技能,具备有关物料、设备、设施、防止工艺参数变动及泄漏等的危险、危害知识和应急处理能力,有预防火灾、爆炸、中毒等事故和职业危害的知识和能力,在紧急情况下能采取正确的应急方法,事故发生时有自救、互救能力。

（四）安全投入与安全设施

《安全生产法》第二十三条规定:

"生产经营单位应当具备的安全生产条件所必需的资金投入,由生产经营单位的决策机构、主要负责人或者个人经营的投资人予以保证,并对由于安全生产所必需的资金投入不足导致的后果承担责任。

"有关生产经营单位应当按照规定提取和使用安全生产费用,专门用于改善安全生产条件。安全生产费用在成本中据实列支。安全生产费用提取、使用和监督管理的具体办法由国务院财政部门会同国务院应急管理部门征求国务院有关部门意见后制定。"

建立健全生产经营单位安全生产投入的长效保障机制,从资金和设施装备等物质方面保障安全生产工作正常进行,也是安全管理对策措施的一项内容。2022年11月21日新修订的《企业安全费用提取和使用管理办法》颁布,从法律层面上对企业安全经费的提取和使用提出了更严格的要求,对安全生产工作有着重要的意义。

（五）实施监督与日常检查

《安全生产法》第三十六条规定:"安全设备的设计、制造、安装、使用、检测、维修、改造和报废,应当符合国家标准或者行业标准。生产经营单位必须对安全设备进行经常性维护、保养,并定期检测,保证正常运转。维护、保养、检测应当做好记录,并由有关人员签字。

生产经营单位不得关闭、破坏直接关系生产安全的监控、报警、防护、救生设备、设施,或者篡改、隐瞒、销毁其相关数据、信息。餐饮等行业的生产经营单位使用燃气的,应当安装可燃气体报警装置,并保障其正常使用。"

第四十条规定:"生产经营单位对重大危险源应当登记建档,进行定期检测、评估、监控,并制定应急预案,告知从业人员和相关人员在紧急情况下应当采取的应急措施。

生产经营单位应当按照国家有关规定将本单位重大危险源及有关安全措施、应急措施报有关地方人民政府应急管理部门和有关部门备案。有关地方人民政府应急管理部门和有关部门应当通过相关信息系统实现信息共享。"

可以看出,《安全生产法》对安全生产的动态管理进行了严格的规定。安全管理对策措施的动态表现就是监督与检查,对于有关安全生产方面国家法律法规、技术标准、规范和行政规章执行情况的监督与检查,对于本单位所制定的各类安全生产规章制度和责任制的落实情况的监督与检查;通过监督检查,保证本单位各层面的安全教育和培训能正常有效地进行;保证本单位安全生产投入的有效实施;保证本单位安全设施、安全技术装备能正常发挥作用;应经常性督促、检查本单位的安全生产工作,及时消除生产安全事故隐患。

（六）事故应急管理

《安全生产法》第八十一条规定:"生产经营单位应当制定本单位生产安全事故应急救援预案,与所在地县级以上地方人民政府组织制定的生产安全事故应急救援预案相衔接,并定期组织演练。"

《安全生产法》第八十二条规定:"危险物品的生产、经营、储存单位以及矿山、金属冶炼、城市轨道交通运营、建筑施工单位应当建立应急救援组织;生产经营规模较小的,可以不建立应急救援组织,但应当指定兼职的应急救援人员。"

事故应急管理的内涵,包括预防、准备、响应和恢复四个阶段。尽管在实际情况中,这些阶段往往是重叠的,但它们中的每一部分都有自己单独的目标,并且成为下个阶段内容的一部分。

思政教学启示

本节我们主要学习了安全技术对策措施和安全管理对策措施,按照傅贵教授创立的事故致因模型—行为安全"2-4"模型,任何事故都至少发生在社会组织之内,其原因分为组织内部原因和外部原因,其内部原因分布在组织与个人两个层面上。组织层面上的原因分为安全文化和安全管理体系;个人层面上的原因分为习惯性行为和一次性行为与物态。

制定安全对策措施时,不仅要从技术方面采取措施,更应该加强安全管理,只有综合考虑引发事故的各类原因,才能从根本上预防安全事故。

知识点总结

安全对策措施的基本要求、安全对策措施遵循的原则、制定安全对策措施的主要依据、安全技术对策措施、安全管理对策措施。

技 能 盘 点

了解安全对策措施的基本要求及遵循的原则,能够对各类安全对策措施进行排序,选择最优的安全对策措施;掌握制定安全对策措施的依据;掌握安全技术与管理对策措施,能够制定或选择相应的对策措施。

思考与练习

1. 简述制定安全对策措施应遵循的原则。
2. 制定安全对策措施主要依据包括哪几方面?
3. 安全技术对策措施包括哪几类?
4. 安全管理对策措施包括哪几类?

第六章　安全评价结论

学习任务

基于安全评价结论的一般要求和编制原则,按步骤编制安全评价结论。

第一节　基础知识

一、发展历程

随着工业化进程的不断推进,人类社会对生产安全的重视程度同样与日俱增。在此背景下,安全评价的概念被提出,并逐步得到各行各业的重视。安全评价工作是系统安全工程理论中的重要内容,为预防事故的发生、预先采取防范措施、降低系统工程的安全风险提供了理论依据。

20世纪初,安全评价技术作为一种安全生产工作的评估工具开始逐渐得到应用,最初主要被应用于军事工业领域。随着系统安全工程理论的完善和发展,安全评价技术在20世纪的后半叶得到了飞速发展,安全评价技术被广泛用于评估工业设备的安全性和可靠性,以及工业生产流程的安全性。

在交通安全领域,安全评价可以用来评估道路的安全性、分析交通事故原因和提出预防措施建议。在生态保护领域,安全评价可以用来评估某一区域的自然生态系统现状,以及人类活动对生态系统的影响程度。20世纪70年代,安全评价的工程应用覆盖到核能安全领域,安全评价可以用来评估核能设施的安全性以及核能工业对周围环境的影响程度。随着高新技术行业的飞速发展,安全评价工作的应用范围扩展到金融安全、信息安全、网络安全、社会安全等领域。目前,安全评价工作已经成为人类日常生产活动中必不可少的环节,安全评价工作对于保障行业、企业的安全健康发展具有重要意义。

安全评价结论是安全评价工作的重要组成部分。为了防范和避免工业事故的频繁发生,迫切需要对日常生产活动中的危险因素和有害因素给出评价结论,并基于此采取针对性措施消除或降低风险。早期的安全评价工作主要是对单个系统或设备的安全性进行评价,如化工厂、水泥厂、核电站、石油化工装置等,其安全评价结论也以单一指标为主。

在早期的安全评价工作中,安全评价结论主要是定性的,即对生产活动中存在的安全问题进行描述、概括和分类,以便企业管理者和从业人员理解并采取相应的控制措施。随着评价方法和技术的不断发展,安全评价结论也逐渐引入了定量化分析,即可以通过数据和指标对生产活动中存在的安全问题进行具体分析和明确描述,以便制定更加科学、有效的安全管理措施。

随着安全评价相关研究的深入,研究人员逐渐意识到安全评价工作具有综合性的特点,涵盖企业或组织的各个方面,不仅要考虑设备或系统本身的安全性,还要考虑生产环境、管理体系、作业人员的安全行为等多种影响因素。于是,安全评价结论的编制方法与理论体系日趋完善。

近年来,随着生产活动中安全评价工作的深入开展和广泛应用,人们对安全评价结论的重视程度也与日俱增。在安全评价报告中,评价结论是对整个评价工作的总结和归纳,是向管理者、从业人员和社会公众传达安全风险信息和安全管理水平的最主要手段。

随着信息技术的高速发展,安全评价结论的形式也越来越多样化,如数字化报告、可视化图表等,方便用户快速了解评价结果。未来可以预见,随着安全评价研究的不断深入和发散,安全评价结论也将趋向更加全面、精确、科学化,为安全生产提供更有力的技术支持和科学依据。

二、基本概念

安全评价工作涉及生产、运维、管理、设备、人员、环境等多个领域,需要综合考虑各种因素,旨在确保被评价系统的安全性。安全评价结论是指在进行安全评价工作过程中,根据评价对象的危险有害因素以及采取安全对策措施后得出的评价结果,以判断评价对象的安全生产状况是否符合规范要求,是否具备安全生产条件。

安全评价结论是安全评价的重要输出成果之一,是对安全评价过程的综合反映和总结,主要包括以下方面。

(1)被评价对象的安全生产状况。对被评价对象的安全生产状况进行概括性描述和总结,包括安全风险、事故隐患、危害程度、管理体系、生产条件等各方面评价内容。

(2)评价结论的综合判断。根据评价对象的危险有害因素、安全风险等相关因素,结合评价方法和评价指标,综合分析评价结果,对评价对象的安全生产状况进行综合判断。

(3)评价等级。对评价对象的安全生产状况进行等级划分,通常分为优、良、中、差四个等级。

(4)持续改进和完善措施。根据评价结论和等级,提出未来持续改进和完善措施,以提高评价对象的安全生产状况。

安全评价结论是对安全评价工作中的被评价对象进行全面风险因素排查和安全评价分析后得出的针对性结论,具有重要的指导意义和参考价值,可为进一步制定安全生产管理措施、改进安全生产条件和提高企业本质安全水平提供科学依据和决策参考。

思政教学启示

安全评价结论作为安全评价工作的最后环节,体现了安全评价工作的闭环,更体现了安全评价这一风险防范工作对实践工作的实际指导。想要得出有效的结论,保障企业、企业背后的家庭乃至国家的安全,必须落实好安全评价工作的每一个环节和每一个细节。安全工作无小事,需要拿出"致广大而尽精微"的职业态度和精神,方可得出切实有效的安全评价结论。

第二节　安全评价结论内容

安全评价结论的具体内容因安全预评价、安全验收评价、安全现状评价和专项评价等评价类型不同而存在一定差异,但是安全评价结论大致上应该包括评价结果分析、评价结果归类、具体结论等内容。

一、评价结果分析

安全评价结论应综合全面地考虑被评价项目各方面的安全状况,要从"人、机、料、法、环"各方面理出评价结论主线并进行客观分析评估,指明被评价项目在安全技术措施、安全设备设施、安全管理体系上是否能满足系统安全要求。安全验收评价结论中,还需综合考虑安全设备设施和安全技术措施在被评价项目投入生产后的运行效果及可靠性。

对于安全评价,需要对人力资源、安全管理、设备装置和附件设施等方面进行全面评估,以便确保被评价系统满足安全要求。其中,对于人力资源方面,需要综合考虑企业中配备的安全管理人员和生产作业人员是否均具备必要的安全技术培训、生产技术培训、安全教育、持证上岗等方面的要求。

(1)安全管理方面。需要综合考虑是否已建立完备的企业安全管理体系,并制定了相应的安全管理制度文件、安全生产奖惩制度文件、安全管理程序文件,同时也需要考虑设备装置的生产运维情况是否有翔实的台账记录,安全检查记录是否完备且落实到人,事故应急救援预案是否建立,事故应急救援演练是否落实等方面。

(2)设备装置方面。需要综合考虑生产系统、设备、设施、装置的本质安全程度。生产控制系统是否具备故障安全型特点,即在超过出厂设计或生产操作控制的参数限度时是否具备将系统、设备、设施、装置恢复到正常安全状态的能力和稳定性。

(3)附件设施方面。需要综合考虑安全附件和安全设施是否配置合理,并能够确保生产系统满足基本安全要求。同时,还需要评估这些安全附件设施在超出正常工艺条件或出现作业人员误操作时是否能够保证系统满足基本安全要求,必须确保被评价系统的整体安全得到安全附件设施的有效、可靠保障。

(4)物质物料方面。应当为危险化学品制定安全技术说明书,并且评估其在生产、储存、使用、运输等过程中是否构成重大危险源。此外,还需要有效控制危险化学品在燃爆和急性中毒方面的风险等级或降低危害程度。

(5)材质材料方面。对于设施、设备、装置及危险化学品包装物的材质,需要评估其是否符合安全生产基本要求。同时,需要采取相应的防腐蚀、防泄漏、防误操作措施,并进行科学测定、测试以确保材质材料的安全性和可靠性。

(6)方法工艺方面。综合考虑生产过程工艺的本质安全程度以及其在正常工艺条件下和工艺条件发生变化时的适应能力也是安全评价结果分析的重要内容。需要对生产过程中可能存在的安全隐患、安全风险进行全面排查、分析和评估,确保生产过程的方法工艺满足安全生产基本要求。

（7）作业操作方面。综合考虑生产作业及其操作控制流程是否能够严格遵守安全操作规程，并开展了必要的安全培训、安全教育、应急演练等预防措施。需要评估安全培训、安全教育、应急演练等流程是否达到覆盖标准，教育培训措施是否落实到人。

（8）生产环境方面。综合考虑生产作业环境是否满足防火、防爆、防中毒等安全生产基本要求。需要评估一旦发生上述事故时是否预先制定了必要的防范补救措施，以保障作业人员的生命安全。

（9）安全条件方面。综合考虑被评价对象所处的水文条件、地质条件、周围环境变化对其影响程度。需要评估被评价对象布置布局、人流物流、流程规范的安全性和可靠性等方面是否符合安全生产基本要求，是否为生产作业人员提供了必要的安全保障和安全条件。

二、评价结果归类

在进行安全评价工作时，各评价结果的重要性有所不同。各评价结果之间可能存在一定程度的内在联系，且各评价结果对安全评价结论的贡献度也存在差异。因此，在编写安全评价结论之前，需要将全部评价结果进行整理、分类和归纳，并按照其危害程度和发生频率进行科学排序以便清晰地展现评价结论要点。

将对人员或环境产生特别重大危害或故障事故频繁发生的结果，将对人员或环境造成重大危害或故障事故偶尔发生的结果，将对人员或环境产生一般危害或故障事故很少发生的结果等进行分类合并排序。在此基础上，可以更加科学地评估被评价对象的安全状况，为评价结果的解释和应对提供科学有效的参考依据。

三、具体结论

（一）结果分析

针对主要危险有害因素进行科学分析，确定其中的重大危险源和危险目标。针对各个评价单元，对其评价结果进行概述、归类，并按照危险度进行排序。对预防性、前瞻性的安全设施、安全管理及事故应急救援预案进行效果分析。

（二）评价结论

评价结论是根据被评价对象是否符合国家安全生产法律、法规、标准、规章、规范和要求的安全生产条件，评估评价对象已采用（取）的安全设施水平、发现的设计缺陷和事故隐患及其整改情况，采取所要求的安全对策措施后达到的安全程度等因素进行分析综合得出的。评价结论应当明确指出被评价对象存在的安全风险和安全问题，以及应当采取的安全措施和整改建议。根据安全评价的结果，还需要对评价对象的安全性质进行分类，如确定重大危险源和危险目标等。

（三）持续改进方向

针对受条件限制而留下的问题，明确提出改进方向和措施建议；对评价结果可接受的项目，进一步提出需要重点防范的危险、危害因素；对评价结果不可接受的项目，明确提出整改措施建议,并列出不可接受的充足理由。此外,还应注重安全设施的更新与改进、安全条件和安全生产条件的完善与维护、主要装置、设备(设施)和特种设备的维护与保养,提出明确提高安全水平的具体对策措施及建议。

思政教学启示

本节主要学习了安全评价结果分析、安全评价结果分类和安全评价结果的具体内容。《朱子语类》卷九《论知行》篇中提到"不可去名上理会。须求其所以然",意思是既知道事物的表面现象,也知道事物的本质及其产生的原因。制定安全评价结论也是如此,须从分析入手,厘清问题本质及产生的原因,进而归类总结,按照固定格式制定评价结论。

第三节　安全评价结论的编制原则

进行系统安全评价时,需要将各评价要素的评价结果进行分析和整合,形成各单元安全评价的小结,从而得出整个被评价系统的整体评价结论。评价结论的编制需要综合考虑到被评价系统的整体安全状况,不能简单地将各评价单元的评价小结罗列作为最终评价结论。在编制评价结论时,必须遵循科学严谨、客观公正、观点明确的编制原则,确保文字表达简练明了、条理清晰。

一、态度客观公正

安全评价报告的客观公正性是评价结论的核心要素之一,评价结论的客观公正性是确保评价结果的真实性和有效性的重要保障。在编写评价结论时,评价人员应当根据评价项目的实际情况,客观、公正地针对评价项目的实际情况,实事求是地给出评价结论。

评价人员应该不受任何利益、观念、偏见的影响,按照一定的评价标准和方法,客观公正地分析评价项目,不应夸大或缩小危险,而是应当恰如其分地对危险、危害性分类、分级进行确定。评价人员应该对所选用的评价标准、方法、数据来源和参数等进行充分的论证和分析,确保评价过程的科学性和可靠性。

二、结论准确

对于定量评价的计算结果,应当进行认真分析,确定是否与实际情况相符。评价人员应该对所采用的定量评价方法、公式、数据来源等进行认真分析,确保评价的准确性和科学性。如果发现计算结果与实际情况出入较大,就应该认真分析所建立的数学模型或采用的定量计算模式是否合理,数据是否合格,计算是否有误。

评价方法和评价人员的素质和经验是影响评价结论的主要因素,评价人员必须全面了解被评价对象的特点和属性,具备扎实的理论知识和丰富的实践经验,对可能导致事故的因素和机理有充分的认识,并且收集和分析足够的信息和数据,以确保评价结论的准确性和可靠性。因此,评价结果与评价人员对被评价对象的了解程度、对可能导致事故的认识程度、采用的安全评价方法,以及评价人员的能力等方面密切相关。

三、表述清晰

评价结论的条理性和文字表达的精练也是原则之一。评价结论应该具备概括性强、条理性强、表述准确等特点，以便读者阅读和审查。评价人员应该采用简洁明了、准确清晰的语言，对评价结果进行详细的说明和阐述，确保评价结论的清晰易懂。评价结论的条理性和表述的精练程度直接关系到评价报告的可读性和可信度，因此评价人员应该注意文字表达的精练和评价结论的条理性，使评价报告达到更好的效果。

案例

为了更好地帮助同学们理解安全评价结论的基本内容和编制依据，下面以某化工企业安全评价项目作为案例进行分析说明。

（一）概述

某化工企业主要生产黄原酸盐选矿药剂，其中包括乙基钠黄药、异丙基钠黄药、异戊基钠黄药等多个品种。黄原酸盐选矿药剂是一种种类繁多、用途广泛的产品，其主要用途是作为硫化矿浮选捕收剂，同时也广泛应用于橡胶的硫化助剂、除草剂、杀虫剂等领域。该化工企业决定利用先进技术建设 2.6 万吨/年黄原酸盐选矿药剂新建项目。该项目的建设不仅可以满足市场需求，解决供需矛盾，还可以带动周边经济发展，解决部分就业问题。

（二）评价结果

该化工企业新建了一项年产量为 2.6 万吨的黄原酸盐选矿药剂项目，其生产与储存过程中存在多种危险物质，如氨、乙醇、异丙醇、正丁醇、异丁醇、异戊醇等。根据《危险化学品名录》（2002 版），其中氨为第 2.3 类有毒气体，乙醇、异丙醇为第 3.2 类中闪点液体，正丁醇、异丁醇、异戊醇为第 3.3 类高闪点易燃液体，氢氧化钠和氢氧化钾为第 8.2 类碱性腐蚀品。

该项目主要的危险因素包括火灾爆炸、容器爆炸、锅炉爆炸、中毒和窒息、触电、灼烫、高处坠落、物体打击、机械伤害、噪声、淹溺、起重伤害和车辆伤害等。需要特别重视的重大危险因素为容器爆炸。容器爆炸的主要原因包括压力容器超压、设备损坏、人员误操作和安全附件失灵等。因此，企业应该注重采取防火、防爆等安全措施，按规定要求对压力容器、压力管道以及安全附件等特种设备定期进行检测。

通过运用安全检查表、预先危险分析、危险度评价、事故树、作业条件危险性评价等评价方法对该项目进行了设立安全评价（安全预评价），并进行了重大危险源辨识，评价结果如下。

1. 安全检查表评价结果

该项目外部安全条件及总平面布置、工艺装置（设施）、公用工程及辅助设施、安全管理基本符合有关法律、法规、标准、规范的要求。

2. 预先危险性分析结果

该项目存在着多种不同类型的危险和有害因素。其中，主要装置设施是所有危险因素中危险等级最高的,主要涉及火灾爆炸、容器爆炸、中毒和窒息等风险。该项目公用工程及辅助设施单元的危险等级较低,但仍然存在着多种危险因素,包括触电、机械伤害、高处坠落、物体打击、噪声、灼烫等。该项目的储存场所危险等级相对较高,主要存在火灾爆炸、中毒和窒息、容器爆炸等严重风险,同时高处坠落、机械伤害、触电、车辆伤害等危险因素也需引起重视。

3. 危险度评价结果

在不考虑其他任何安全措施的前提下,本项目生产车间、制冷车间危险等级为Ⅲ级,即"低度危险";罐区的危险等级为Ⅱ级,即"中度危险"。

4. 事故树分析结果

对于触电事故树的分析结果,可以发现存在 33 个最小割集,这意味着存在多种导致触电事故的途径,其中任何一个基本原因事件的发生都可能导致顶部事件的发生。因此,针对这种情况,应该从防护措施入手,加强电工素质及技能,严格执行挂牌制度,使用符合标准的防护用具,保证接地或接零保护措施的完善及有效,从而减少触电事故的发生。

针对中毒事故树的分析结果,可以发现中毒事故的根本原因是气体泄漏,造成泄漏的原因包括系统中检修不及时、安全巡检不到位、容器密封不良、容器受腐蚀或外力撞击等。为了避免事故的发生,需要从作业场所治理出发,加强作业场所通风,认真巡视检查,发现隐患后及时整改。此外,应严格执行规章制度,杜绝违章作业,按规定佩戴防护用品等,保证作业人员的生命安全。

5. 作业条件危险性评价法评价结果

根据作业条件危险性评价法进行评价,作业现场存在潜在危险,需要引起高度重视。在作业中需严格遵守操作规程和安全管理制度,严禁明火作业及使用明火取暖,操作人员应配备劳动防护用品,同时应加强安全管理,确保作业的安全性。

6. 重大危险源辨识结果

根据《危险化学品重大危险源辨识》(GB 18218—2009)进行辨识,该建设项目已被确定为危险化学品重大危险源。根据国家安全生产监督管理局颁发的 56 号文件《关于开展重大危险源监督管理工作的指导意见》进行辨识,该项目涉及的压力管道、压力容器(群)不属于重大危险源申报范围。根据《危险化学品重大危险源监督管理暂行规定》(国家安全生产监督管理总局令第 40 号)中的危险化学品重大危险源分级方法确定,该拟建项目被确定为危险化学品重大危险源四级。

(三)评价结论

根据各部分安全评价结果、国内外同类装置(设施)的设计情况和国家现行有关安全生产法律、法规和部门规章及标准、规范的规定和要求,得出如下评价结论。

建设项目选址所在地的安全条件和与周边的安全防护距离基本符合国家有关标准规范的要求;建设项目总平面布置基本符合国家有关标准规范的要求;建设项目中表现出来的技术、工艺和装置、设备(设施)安全、可靠性高,安全水平较高;建设项目拟采取的安全设施设计基本符合国家现行有关安全生产法律、法规和部门规章及标准规范的要求;建设项目配套和辅助工程与主要装置、设备或设施基本匹配,安全可靠性、安全水平性较高;建设项目采纳补充对策措施后,基本具备国家现行有关安全生产法律、法规和部门规章及标准规定和要求的安全生产条件。

通过评价认为该建设项目的工艺技术及主要设备成熟可靠、选址合理,外部安全条件及总平面布置、工艺装置(设施)、公用工程及辅助设施、安全管理基本符合国家有关法律法规、规章、规范、标准的要求。

该建设项目在设计、施工和生产运行过程中,应切实落实可行性研究报告和本评价报告所提出的各项安全对策措施,加强安全管理工作,保证各项安全设施有效运行。在此前提下,该项目建成投产后,能够满足安全生产的要求。

思政教学启示

本节主要学习了安全评价结论的编制原则,包括客观公正性、准确性、科学性、条理性、综合性和总结性等内容。在实际评价结论编制过程中,需要遵照上述原则逐一落实,形成条理清晰、有理有据的总结性文字。所谓知为行之始,行是知之成,认识事物的道理与实行其事是密不可分的。我们在学习了本节理论知识后,要做到知行合一,用理论指导实践。

知识点总结

安全评价结论的基本内容,安全评价结论的依据、程序、基本原理与编制原则,安全评价模型和安全评价方法。

技 能 盘 点

提炼和总结科学、公正的安全评价结论。

思 考 与 练 习

1. 安全评价结论一般包括哪些内容?
2. 获得安全评价结论的一般性工作步骤包括哪些内容?
3. 试论述评价结果与评价结论的关系。

第七章 安全评价报告

学习任务

根据安全评价报告的基本概念、编制原则与格式要求,按步骤撰写安全评价报告。

第一节 基 础 知 识

一、基本概念

安全评价报告是评估安全管理状况的专业文件,是经过调查、整合和分析各种安全信息,得出企业安全管理的强弱之处,提出安全管理改进建议的规范化报告。安全评价报告的用途广泛,是企业安全管理过程中的必要工具。不仅帮助企业更好地了解其安全管理状况,并提出针对性的安全改进措施,还可以协助企业建立安全管理体系,增强员工的安全作业意识,降低工伤事故的发生率。在企业文化范畴,安全评价报告还可以作为企业与外界协商、合作的重要参考依据。

二、编制步骤

安全评价报告的编制遵循以下步骤。

(1) 明确安全评价的目标、范围,包括评价对象和评价标准,这有利于确定安全评价报告内容、结构、评价过程和依据。

(2) 收集安全管理相关信息,包括政策、管理条例、程序、控制措施和实施效果等。收集到的信息必须确保真实、准确,才能为后续安全评价提供可靠依据。

(3) 对收集到的信息进行分析处理,包括风险识别、安全控制措施分析和有效性评估等。通过分析收集信息,可以提取安全评价涉及的有效信息,了解企业不同阶段下的安全管理状况,得出具体的安全评价结论。

(4) 根据评价目标与评价结论,撰写安全评价报告,包括设计评价报告的行文结构、逻辑思路以及文本撰写和图表绘制等。

(5) 撰写报告时,需要注意文字表达方式和图表呈现方式,确保评价报告思路清晰、便于理解而又不失科学性。

(6) 安全评价报告撰写完成后需要经过相关人员严格审核后方能发布,确保评价内容准确可靠和评价结论科学合理。

三、基本原则

作为一种评价性文件,安全评价报告的编写是一个系统性过程。安全评价报告从内容到格式须具备两个基本原则,一要具备公正性,评价过程中必须避免个人偏见和喜好,以便得出真实、客观、合理的评价结果;二要具备可操作性,评价报告不仅要提出安全改进建议,还要提供可行的改进方案,使企业能够根据安全评价结果提出切实有效的管理改进措施。

四、编制依据

安全评价是国家开展日常安全生产管理的重要内容,安全评价报告是具有法律效力的安全管理评估文件,各类别安全评价报告接受国家各级应急管理部门的监管和审批。安全评价报告的编制主要依据国家、行业、企业、部门颁发的导则规范,包括国家法律法规、行业标准或企业规范等,如《机关、团体、企业、事业单位消防安全管理规定》《特种设备安全监察条例》《建设项目(工程)劳动安全卫生预评价管理办法》《安全评价通则》《安全预评价导则》和《危险化学品生产储存建设项目安全监督管理办法》等。

五、呈现形式

安全评价报告是安全评价工作的概括总结,一般情况下采用文本形式作为载体以便修改、传阅、印发和存储。近年来,随着信息需求多样化发展,安全评价报告的表达形式也可以包括图像、音频、视频等多媒体电子载体。

思政教学启示

本节主要学习了安全评价报告的基本概念、编制原则以及安全评价分类等。安全生产是民生大事,事关人民福祉,事关经济社会发展大局,一丝一毫不能放松。坚持安全第一、预防为主,建立大安全大应急框架,完善公共安全体系,推动公共安全治理模式向事前预防转型。推进安全生产风险专项整治,加强重点行业、重点领域安全监管势在必行。

第二节 安全评价报告分类

根据《安全预评价导则》《安全验收评价导则》《安全现状评价导则》对于实施阶段的划分规定,安全评价工作可以划分为安全预评价、安全验收评价和安全现状评价。因此,必须掌握这三类安全评价的评价目标、内容、特点,以便完成以上三类安全评价报告。

一、安全预评价报告

(一)安全预评价

安全预评价是指在系统生命周期内的可行性研究或设计阶段进行的风险分析与安全评价活动,旨在通过对建设项目的工程选址、总图布置、工艺与设备设施、安全管理制度设计等方面的勘察分析,采用安全系统工程方法对可能存在的安全风险进行识别判定。在此基础上,提出科学合理的风险管理对策措施及整改建议,使得被评价项目在可行性研究或设计阶段的安全风险控制在可接受范围之内。

（二）安全预评价报告

安全预评价报告是对工程项目在建设前可能存在的安全风险进行评估的报告。该评价报告需要包括项目基础信息、风险分析、评价结果以及风险控制措施等内容。报告应该着重阐述工程项目建设前存在的安全风险，提出客观科学的评价结果，并针对可能存在的风险提出安全管理对策措施及建议。

（三）安全预评价报告内容

安全预评价报告的编制应符合《安全评价通则》与《安全预评价导则》要求。安全预评价报告应当包括安全预评价对象、安全预评价目的、安全预评价依据、项目基础信息、危险有害因素识别、危险有害因素分析、评价单元划分、评价方法、评价结果、安全对策措施建议以及安全预评价结论等内容。

（1）安全预评价对象。安全预评价对象包括系统、工程项目、生产装置、设施等。

（2）安全预评价目的。安全预评价的目的是在建设项目的可行性研究阶段、工业园区规划阶段、生产经营活动组织实施之前，对建设项目的工程选址、总图布置、工艺与设备设施、安全管理制度设计等方面的危险和有害因素进行辨识、分析和评估，提出科学合理的风险管理对策措施及建议，提前规避可能存在的安全风险，降低事故发生风险和损失程度，保障人员和财产安全。

（3）安全预评价依据。安全预评价的依据包括相关的法律法规、标准、规范、技术规范及评价对象所涉及的各类行业规定、标准和技术文件等。此外，还需考虑评价对象所处的环境、地域、气候和自然资源等情况，同时还应参考国内外相关的先进经验和技术手段。

（4）项目基础信息。项目基础信息包括项目选址、总图布置、水文地质条件、工业园区规划、生产设计内容、生产工艺过程、生产环境、操作流程、设备设施、原材料、产出物质、经济指标、技术指标、公用设施、人流物流等方面信息。

（5）危险有害因素辨识与分析。根据评价对象的特点和所处环境情况，利用各种可行的安全系统工程方法，识别和分析可能存在的危险有害因素。综合考虑评价对象的生产过程、设备、材料、环境、人员等方面因素，针对可能存在的危险有害因素进行定性、定量分析，明确其危险程度与危害程度，为后续安全对策措施的制定提供依据。

（6）评价单元划分。根据评价对象的生产工艺过程、原材料和产出物质、设备设施和操作流程等，将其划分为相对独立、具有完整生产过程的单元。划分评价单元的过程需要综合考虑评价对象的生产设计内容、生产工艺过程、生产环境、操作流程、设备设施、原材料、产出物质等因素，并根据相关的法律法规、行业标准、企业规范进行综合判断。

（7）评价方法与评价结果。定性评价方法可以采用层次分析法、模糊数学等方法，定量评价方法可以采用风险矩阵法、事件树分析法、故障树分析法等方法。评价过程需要明确重大危险源的分布情况、危害程度、安全管理情况以及应急预案内容，评价结果需要给出明确的评价指标和分析过程。

（8）安全对策措施建议。安全对策措施建议的制定原则是在保证建设项目生产正常运行的前提下，采取有效措施防止事故发生或降低事故危害程度。安全对策措施建议大致包括优化管理制度、改进工艺过程、改善设施设备、提高人员素质、加强安全教育、加强监测预警、制定应急预案等方面。

（9）安全预评价结论。阐述主要危险有害因素评价结果，列举重大危险源、有害因素，提出安全对策措施及建议，明确安全对策措施采取后的控制效果，从安全生产角度指明是否符合国家法律法规、行业标准或企业规范等要求。

二、安全验收评价报告

（一）安全验收评价

安全验收评价是在系统生命周期内的试运行阶段进行风险分析与安全评价活动。安全验收评价通过现场勘验和信息采集，对系统安全设施与主体工程的同时设计、同时施工、同时投入生产和使用的落实情况进行核查。同时，对被评价对象的安全管理体系运行效果进行考察，评价系统的安全运行状况和安全风险控制效果，提出科学合理的安全管理对策措施及建议，使得被评价项目在试运行阶段的安全性和可靠性得到有效控制和保证。

（二）安全验收评价报告

安全验收评价报告是对已经建成并进行验收的工程项目进行安全评估的报告。该评价报告需要包括项目验收信息、评价结果、已采取的风险控制措施及其效果等内容。报告应该对过程项目的安全验收工作进行全面客观的评价，并对可能存在的安全风险提出相应的控制措施和改进建议。

（三）安全验收评价报告内容

安全验收评价报告是在国家安全生产法律法规及生产经营单位的要求下进行的，旨在对建设项目竣工后试运行阶段可能存在的有害因素及危害程度进行评估分析，并提出合理可行的风险控制对策措施及建议。

（1）安全验收评价对象。安全验收评价对象包括系统安全设施与主体工程的同时设计、同时施工、同时投入生产和使用的落实情况，安全生产管理体系运行状况，安全管理对策措施的落实情况，安全规章管理制度的执行情况等。

（2）安全验收评价目的。安全验收评价的目的是通过建设项目竣工后试运行阶段的安全风险分析，核查系统安全设施与主体工程的同时设计、同时施工、同时投入生产和使用的落实情况，降低事故发生风险和损失程度，确保被评价项目的正常运行，保障人员和财产安全。

（3）安全验收评价依据。安全验收评价的依据包括相关的法律法规、标准、规范、技术规范及评价对象所涉及的各类行业规定、标准和技术文件等。此外，还需考虑评价对象所处的环境、地域、气候和自然资源等情况，同时还应参考国内外相关的先进经验和技术手段。

（4）项目基础信息。项目基础信息应当包括企业概况、水文地质条件、交通条件、生产工艺过程、生产环境、操作流程、设备设施、物料信息、公用设施、人流物流、危险物品储运方式等方面信息。

（5）危险有害因素辨识与分析。根据评价对象的特点和所处环境情况，利用各种可行的安全系统工程方法，识别和分析可能存在的危险有害因素。综合考虑评价对象正常运行中的生产过程、工艺过程、设备、材料、环境、人员、公用工程系统等方面因素，针对可能存在的危险有害因素进行定性、定量分析，明确其危险程度与危害程度，为后续安全对策措施的制定提供依据。

（6）评价单元划分。要求评价单元与危险有害因素密切相关且具有明显的独立性，且能够准确反映评价对象的主要危险有害因素的情况。

（7）评价方法与分析。根据评价目的与评价对象特点选择合适的评价方法，开展定性化评价与定量化评价，明确重大危险源的分布情况与危害程度，为后续安全对策措施的制定提供理论依据。

（8）安全对策措施建议。安全对策措施建议的制定原则是在保证建设项目生产正常运行的前提下，采取有效措施防止事故发生或降低事故危害程度。安全对策措施建议大致包括优化管理制度、改进工艺过程、改善设施设备、提高人员素质、加强安全教育、加强监测预警、制定应急预案等方面。根据识别出的事故隐患紧迫程度与危险等级，针对性提出对应的整改措施和安全对策建议。

（9）安全验收评价结论。安全验收评价结论应当明确列出被评价对象存在的危险有害因素及其危害程度，核查系统安全设施与主体工程的同时设计、同时施工、同时投入生产和使用的落实情况，对被评价对象是否具备安全验收的条件做出判断。如果评价对象达不到安全验收要求，应当明确提出合理可行的整改措施建议。

三、安全现状评价报告

（一）安全现状评价

安全现状评价是指在系统生命周期内的生产运行、维护阶段进行风险分析与安全评价活动。安全现状评价通过对系统的生产现状、安全管理现状、设备设施运行现状等方面进行调研分析，采用安全系统工程方法对可能存在的安全风险进行识别判定，提出科学合理的风险管理对策措施及建议，使系统在生产运行、维护阶段内的安全风险控制在可接受范围之内。

（二）安全现状评价报告

安全现状评价报告是对正在运行的生产装置、设施、工程项目进行安全评价的报告。该评价报告需要包括安全现状评价相关信息、风险分析、评价结果、已采取的风险控制措施及其控制效果等内容。报告应该对被评价对象的安全管理现状进行科学评价，并针对可能存在的安全风险进行定性、定量分析，提出针对性控制措施和改进建议。

（三）安全现状评价报告内容

安全现状评价报告是在国家安全生产法律法规及生产经营单位的要求下进行的，旨在对生产运行、维护阶段下的生产经营活动、设施设备维护现状、生产环境现状、储存运输现状、安全管理现状进行全面、综合的安全评价。

（1）安全现状评价对象。安全现状评价对象包括某个生产经营单位、工业园区、作业场所，某种生产方式、生产工艺、生产装置等。

（2）安全现状评价目的。安全现状评价的目的是规避系统在生产运行、维护阶段的安全风险，降低事故发生风险和损失程度，保障人员和财产安全。

（3）安全现状评价依据。安全现状评价的依据包括相关的法律法规、标准、规范、技术规范及评价对象所涉及的各类行业规定、标准和技术文件等。此外，还需考虑评价对象所处的环境、地域、气候和自然资源等情况,同时还应参考国内外相关的先进经验和技术手段。

（4）项目基础信息。项目基础信息应当包括企业概况、水文地质条件、交通条件、生产工艺过程、生产环境、操作流程、设备设施、物料信息、公用设施、人流物流、危险物品储运方式等方面信息。

（5）危险有害因素辨识与分析。根据评价对象的特点和所处环境情况,利用各种可行的安全系统工程方法,识别和分析可能存在的危险有害因素。综合考虑评价对象的生产过程、工艺过程、设备、材料、环境、人员、公用工程系统等方面因素,针对可能存在的危险有害因素进行定性、定量分析,明确其危险程度与危害程度,为后续安全对策措施的制定提供依据。

（6）评价方法。根据评价目的与评价对象特点选择合适的评价方法,开展定性化评价与定量化评价,明确重大危险源的分布情况与危害程度,为后续安全对策措施的制定提供理论依据。

（7）事故原因分析与重大事故模拟。针对重大事故进行原因分析,通过对历史事故案例研究,分析事故发生的主要原因和影响因素,并预测模拟重大事故发生概率。通过重大事故模拟,制定针对性的应急预案和重大危险源控制措施,提高事故与重大事故的响应能力。

（8）安全对策措施建议。安全对策措施建议的制定原则是在保证建设项目生产正常运行的前提下,采取有效措施防止事故发生或降低事故危害程度。安全对策措施建议大致包括优化管理制度、改进工艺过程、改善设施设备、提高人员素质、加强安全教育、加强监测预警、制定应急预案等方面。根据识别出的事故隐患紧迫程度与危险等级,针对性提出对应的整改措施和安全对策建议。

（9）安全现状评价结论。阐述主要危险有害因素评价结果,列举重大危险源、有害因素,明确指出被评价对象的安全现状,提出针对性的安全对策措施及建议,明确安全对策措施采取后的控制效果,从安全生产角度指明是否符合国家法律法规、行业标准或企业规范等要求。

案例

下面以某化工企业的安全预评价工作为例,使大家了解安全预评价报告的基本内容和行文逻辑。受篇幅所限,将安全预评价报告中的封面、资质证书影印件、著录项、目录、编制说明、附件以及附录部分省略。

一、概述

（一）评价内容

本次安全预评价的评价内容为某化工企业年产 40 万吨乙二醇项目工程,评价范围涵盖了工程过程中所涉及的原材料、产出物质、生产工艺过程、生产环境、操作流程、设备设施、周边环境、平面布置、工艺装置、安全设施、公用工程等方面。

本次评价遵循国家相关的法律法规、标准、规范、技术规范及评价对象所涉及的各类行业规定、标准和技术文件等,采用安全系统工程方法对可能存在的安全风险进行识别判定,对生产设备、设施以及现状等方面进行综合定性、定量分析,旨在提前规避系统在可行性研究或设计阶段的安全风险,降低事故发生风险和损失程度,保障人员和财产安全。

（二）评价依据

- 《中华人民共和国安全生产法》
- 《中华人民共和国劳动法》
- 《中华人民共和国消防法》
- 《中华人民共和国职业病防治法》
- 《机关、团体、企业、事业单位消防安全管理规定》
- 《危险化学品安全管理条例》
- 《特种设备安全监察条例》
- 《关于进一步加强安全生产工作的决定》
- 《建设项目（工程）劳动安全卫生预评价管理办法》
- 《危险化学品建设项目安全监督管理办法》

（三）安全预评价程序

根据已收集的被评价项目相关资料以及法律法规、设计规范，将开展安全预评价的相关工作，具体工作程序如下。

（1）前期准备。了解被评价单位基本情况，确定评价范围，准备评价资料。

（2）危险有害因素辨识与分析。根据评价对象的特点和所处环境情况，利用各种可行的安全系统工程方法，识别和分析可能存在的危险有害因素。综合考虑评价对象的生产过程、设备、材料、环境、人员等方面因素，针对可能存在的危险有害因素进行定性、定量分析，明确其危险程度与危害程度，为后续安全对策措施的制定提供依据。

（3）定性、定量评价。根据生产单位的特点，确定评价模式和评价方法。针对可能存在的危险有害因素进行定性、定量分析，明确其危险程度与危害程度，为后续安全对策措施的制定提供依据。

（4）安全管理评价。对现有安全管理体系、安全规章制度、人员组织形式、安全培训教育状况、监督检查机制、应急预案、企业安全文化等内容进行评价。

（5）安全对策措施及建议。根据危险源辨识和风险评估的结果，提出相应的安全对策措施，包括设计安全、设备安全、操作安全、管理安全等措施，并按照风险程度与迫切程度提出安全对策措施及建议。

（6）评价结论。根据评价结果明确指出生产单位当前的安全状态水平，结合危险源辨识和风险评估的结果，提出相应的安全对策措施。

二、基本情况

本项目旨在生产乙二醇，并副产丙二醇和丁二醇，预计年产量为 40 万吨。其中，氧气、氢气、氯气、氮气等工业气体可以通过园区内管道进行配送。生产过程中所需氢气充足，秸秆原料来源于周边地区，运输成本较低且所选原料品牌信誉好、质量可靠、价格实惠。该化工园区地形平坦，公用工程设施完善，包括工业用水、生活用水、电力、汽车交通、废水排放和通信等，园区还承诺将公用工程配套到企业区域。

三、主要危险及有害因素分析

(一)火灾、爆炸危险因素分析

易燃、易爆物质泄漏后,如果处于爆炸浓度极限范围内,一旦遇到明火或火花,则可能引发火灾、爆炸事故。由于上述危险物质的存在,生产流程中涉及易燃、易爆物质的运输、储存、使用、废弃等操作均需严格监控,防止泄漏。

(二)中毒、窒息危险因素分析

中毒、窒息危险因素分析中,主要危险源包括混合二甲苯、二氧化碳和氢气等气体,一旦泄露可能会导致作业人员中毒、窒息甚至死亡。由于上述危险物质的存在,生产流程中涉及危险物质运输、储存、使用、废弃等操作均需严格把控。

(三)电气伤害危险因素分析

设备线路板故障、老化、疲劳损伤等因素会导致电气伤害危险增加。其中,电击危险是一种重要的危险因素,包括直接接触电击和间接接触电击。违章作业触电事故也是电气伤害的一个重要因素,如防护设施缺陷、不严格遵守安全操作规程等。电气危险的主要部位包括变配电室、配电线路、各种机电设备、各种手持电动工具、照明线路及器具等,这些部位存在直接触电和间接触电的可能性,也可能成为点火源,从而引发火灾或爆炸事故。因此,对于这些部位需要严格控制和管理,以保障工作人员的安全。

(四)噪声危害因素分析

压缩机、泵和安全阀放空噪声是本项目存在的主要噪声源,其中以压缩机、泵的噪声最为显著。此外,泵类设备和风机等也会产生机械动力学噪声。噪声会对人体听觉系统产生损害,严重影响作业人员的日常工作和生活。

(五)高温作业危险因素分析

通过对高温作业环境中的危险因素进行分析发现,纤维素催化加氢和精馏分离等多工段高温操作,设备或管道超压、腐蚀等造成内部高温物质的意外释放,接触处理和输送高温物质的设备、管道,均可能导致作业人员烫伤事故。

(六)机械伤害危险因素分析

催化剂输送用设备、各类泵、压缩机、风机等机械在运转时,裸露的运动部分没有安装安全防护装置或防护装置失效会导致机械伤害事故。在机械运动部分应安装安全防护装置,及时检查、维护和复位安全防护装置,加强操作人员的安全教育,合理安排操作流程,严格遵守相关安全规定,以避免机械伤害事故的发生。

(七)起重机械危险因素分析

在工业生产中,起重机械常用于起吊物料或进行设备维修和安装。起重机械的使用、运输、维修过程存在起重机械危险因素,常见的起重机械事故包括挤压、撞击、钩挂、坠落、出轨、折断、触电等。

(八)高处作业危险因素分析

高处作业时,斜梯、栏杆等不符合安全使用要求会导致高处坠落事故发生,遇到雨雪天气,高处坠落事故的发生概率增大。

（九）厂内车辆运输危险因素分析

厂区内涉及的运输车辆包括液体储运车、固体装卸车、外来原料液体运输车辆、固废外运车辆以及运送设备材料和公用设施的车辆。由于厂区道路的不合理布局,缺乏警示灯、警示牌等安全设施,加之驾驶人员违反操作规程、机动车辆没有定期检验和登记注册、存在缺陷等问题,导致了交通事故的发生。因此,厂内机动车辆的危险因素主要为道路布置不合理、缺乏警示设施、驾驶人员违规操作、机动车辆缺乏检验和登记注册、存在缺陷以及道路安全视距不足等。

四、评价方法确定

（一）评价方法

（1）安全检查表法(SCL)。安全检查表法是一种常用的安全评价方法。安全检查表法采用安全系统工程方法,检查系统中存在的设备、机器装置、操作管理、工艺和组织措施中的各种不安全因素,以及督促各项安全法规、制度、标准的实施。根据用途不同,安全检查表可分为设计审查用安全检查表、厂级安全检查表、车间检查安全表、机台及岗位用安全检查表、危险点巡回检查表以及专业性安全检查表等不同类型。

（2）预先危险性分析法(PHA)。预先危险性分析法是一种常用的安全评价方法,其核心在于在生产活动开始前,对系统中存在的潜在危险进行初步评估和识别,以便提出相应的控制和消除危险的措施。在进行PHA分析时,应考虑生产工艺的特点,列出其危险性和状态,并综合考虑危险设备和物料、隔离装置、环境因素、操作维护规定、辅助设施和与安全有关的设施设备等因素。

（二）评价单元划分

（1）评价单元划分原则。评价单元划分是为了方便评价目标和方法的实施,提高评价准确性的重要步骤。常用的评价单元划分原则和方法有两种:一是以危险有害因素的类别为主进行评价单元的划分,二是以装置和物质特征为主划分评价单元。

（2）评价单元划分。评价单元的划分可以根据该项目装置和物质特性划分为周边环境、自然条件和生产内部三部分。其中,周边环境包括周边地理环境、气象环境、水文环境等;自然条件包括地质构造、地震、洪水、风暴潮等;生产内部包括生产工艺、仓储及运输、电气、锅炉、消防、火灾爆炸、职业安全等方面的评价单元。

五、安全措施对策与建议

（一）概述

本次安全预评价的评价内容为某化工企业年产40万吨乙二醇项目工程,评价范围涵盖了工程过程中所涉及的原材料、产出物质、生产工艺过程、生产环境、操作流程、设备设施、周边环境、平面布置、工艺装置、安全设施、公用工程等方面。在该项目的建设和投产过程中,火灾、爆炸是主要危险因素,同时还存在着触电、机械伤害等事故的潜在风险。本次评价遵循国家相关的法律法规、标准、规范、技术规范及评价对象所涉及的各类行业规定、标准和技术文件等,采用安全系统工程方法对可能存在的安全风险进行识别判定,根据评价分析对企业提出以下安全对策措施与建议。

（二）对自然危害因素的防范

夏季高温时，应在生产厂房内设置通风换气设施，在装置周围设置工人休息室，并配备必要的风扇、空调等设施。在冬季严寒时，应注意主要管道设备保温，减少环境因素对产品质量和员工安全影响。对第二类、第三类建筑物采取相应防雷措施。建筑设计应进行准确的抗震验算，并根据建筑抗震设计规定对建筑物进行七度地震烈度设防。对于不良地基对建筑物和设备的破坏作用，应采取措施防止地形、构造对建筑物地基的破坏。厂区内应建立场地雨水排放系统，避免积水对设备和厂房造成损坏，保障设施和人员安全。

（三）总图布置安全措施

（1）易燃、易爆、有毒物品的储存场所应远离明火、火花。

（2）优化运输方式和道路布置，保证人流、物流安全便捷。

（3）建筑设计中应最大限度地利用天然光线和自然通风，减少能源消耗，提高生产效率，改善员工的工作环境。应避免建筑物朝向不当，如避免阳光直射影响或防止不良气味传播等。

（4）生产车间及锅炉房等有爆炸危险场所的建筑结构形式和建筑材料，必须符合相关防火、防爆的要求。通过严格的建筑物防火设计，可以有效地防范火灾和爆炸事故的发生，保护生产设施和人员的安全。

（5）消防道路是应急救援的重要通道，其路面应采用水泥混凝土以提高路面承载力和耐久性。在消防道路和防火堤之间应保持一定宽度，避免对消防操作造成妨碍。应对道路进行规划和设计，确保消防车辆能够便捷进入厂区火灾现场，提高应急救援效率。

（四）管理安全对策

安全对策措施建议的制定原则是在保证建设项目生产正常运行的前提下，采取有效措施防止事故发生或降低事故危害程度。安全对策措施建议大致包括优化管理制度、改进工艺过程、改善设施设备、提高人员素质、加强安全教育、加强监测预警、制定应急预案等方面，在以下方面需加强管理。

（1）在计划、布置生产工作的同时，必须完成安全工作的部署。

（2）根据"管生产必须管安全"的原则，企业法人代表是安全生产的第一责任人，各级领导也应承担相应的安全生产责任。为进一步细化安全责任制，企业应明确每个员工的安全职责，并实行持证上岗制度，确保有岗必有责。

（3）制定、完善作业人员的安全教育培训制度、安全设施设备使用章程、"三防"作业章程、职业卫生规定、安全检查制度、隐患整改制度、事故调查制度、企业安全奖惩办法等规章制度。

（4）管理层必须经过有关部门的安全培训和考核，具有安全专业知识，取得资格证书，具有领导安全生产和处理事故的能力。

（5）编制安全管理措施计划，并按规定筹备安全措施专项费用。

（6）严格执行安全生产岗位责任制、各项规章制度、作业规程和岗位操作规程。

（7）依照法律规定为从业人员购买工伤保险，以保障员工在工作过程中发生意外受伤的权益。

（8）作业人员要熟练掌握应急救援器材的使用方法。

（9）安全设施必须与主体工程同时设计、同时施工、同时投入生产和使用。

（10）建设项目竣工并试生产运行正常后，应对其设施、设备和装置的实际运行情况进行安全验收评价,以确保其符合国家安全标准并具备安全生产条件。

(五)安全工程设计安全对策

针对化工厂生产的有害物质,必须进行全面的风险评估和安全分析。根据有害物质的性质和危害,对化工厂进行适当的分区和隔离,确保各种物质的储存和使用安全可靠。对于易燃、易爆和有毒物质,必须采取适当的防火、防爆、防毒措施,如安装自动灭火系统、设置防爆门窗、使用防毒面具等。必须建立健全的应急预案和应急救援机制,制订清晰的应急处置流程和应急物资储备计划,定期组织应急演练,提高员工的应急处置能力。在安全工程设计中,还必须考虑到化工厂的建筑结构和设施的抗震、防雷、防水等能力,确保化工厂在自然灾害或恶劣天气条件下的安全性。

(六)职业安全卫生与常规防护卫生安全对策

针对生产中可能遇到的各种危险,必须采取有效的防护措施。例如,戴上防毒面具、穿戴防护服、戴上防护手套等。同时,对于易燃易爆物品,必须采取防火、防爆措施,安装必要的灭火器材和自动灭火系统。加强职业健康监测和医疗保健工作,定期对员工进行身体检查和职业病筛查,及时发现和治疗职业病。此外,化工厂还应该建立健全的心理健康保障机制,关注员工的心理健康状况,及时开展心理干预和辅导。

六、评价结论

通过对被评价项目的工程选址、工艺与设备设施、安全管理制度设计、主要危险及有害因素等方面的研究分析,采用安全系统工程方法对可能存在的安全风险与危害程度进行识别判定,得出了安全预评价结论。

被评价项目的主要危险有害因素包括火灾、爆炸、中毒、触电、机械伤害、高处坠落等。其中,重点防范的重大危险有害因素为火灾、爆炸、中毒。应按照相关部门的要求做好管理和防范措施的工作,防止生产过程中的物质泄漏,引起中毒和火灾;工厂线路需定时检查,以免引起火灾,触电等;特种设备的防护措施应积极到位;储罐区存在 B 类易燃易爆物质,危险性较高,生产运维过程应严格把控。

通过对本工程项目的安全评价,得出以下结论。

(1)项目选址合理,符合工业布局要求。满足生产、运输、维护、防水、防火、防雷、防震、安全卫生、环境保护以及生活设施的基本需求。基本满足《化工企业总图运输设计规范》和《石油化工企业设计防火规范》的要求。

(2)通过危险度评价可知,储罐区的存储物质为甲 B 类物质,具有较高的危险性。通过安全评价方法的定性、定量评价分析,明确了发生事故的危害程度为轻度。

(3)通过使用预先危险分析法对电气系统、运输系统等进行评价,可知各划分单元的危险性较低且危害程度较弱。

综上所述,本项目基本符合国家有关法律法规技术标准和部颁的规定,项目在安全生产方面是可行的。应根据本评价报告要求,持续完善安全措施,积极落实本评价报告提出的安全对策措施及建议。

思政教学启示

本节主要学习了安全预评价、安全验收评价和安全现状评价的基本概念及其评价报告的主要内容。健全风险防范化解机制,坚持从源头上防范化解重大安全风险,真正把问题解决在萌芽之时、成灾之前。《礼记·中庸》中说："凡事预则立,不预则废。言前定则不跲,事前定则不困,行前定则不疚,道前定则不穷。"意思是无论做什么事,事先有准备,就能获得成功,不然就会失败。这正是安全评价的核心思想,安全评价是建设项目实施前、项目验收时以及项目运行过程中必须进行的重要评价活动,其结果对于建设项目的安全生产工作具有重大意义。

第三节 安全评价报告格式

安全评价报告书作为安全评价工作的正式文书,其结构、字体字号、纸张排版、印刷封装等方面均有严格要求。在国家法律法规与行业标准存在的情况下,应该严格遵照执行;对于行业企业未做出明确要求的情况下,应该严格遵照《安全评价通则》中规定的结构格式。安全评价报告书的常用格式包括封面、资质证书影印件、著录项、目录、编制说明、前言、正文、附件和参考资料等部分。

其中,主要部分包括前言、评价背景、评价目的、评价方法、评价结果、评价结论、存在问题及建议、总结等章节。在排版方面,应注意字体字号的标准化,一般使用宋体或仿宋字体,字号一般为小四或五号。在印刷封装方面,应注意书写清晰、整洁,印刷质量良好,封面和封底应印刷安全评价报告的名称和编号、编制单位、日期等相关信息,保证报告书的规范化和可读性。

一、安全预评价报告格式

安全预评价报告应当包括安全预评价对象、安全预评价目的、安全预评价依据、项目基础信息、危险有害因素识别、危险有害因素分析、评价单元划分、评价方法、评价结果、安全对策措施建议以及安全预评价结论等内容。安全预评价报告格式如下。

（一）封面

封面包括委托单位名称、评价项目名称、报告名称(安全预评价)、安全预评价单位名称、安全评价资质证书编号、评价报告完成日期。

（二）资质证书影印件

资质证书影印件包括安全预评价资质证书影印件。

（三）著录项

著录项包括委托单位名称、评价项目名称、报告名称(安全预评价)、法定代表人、技术负责人、评价项目负责人、评价报告完成日期、评价机构章印、评价人员、技术专家等信息。

（四）目录

目录包括安全预评价报告目录。

（五）编制说明

编制说明包括项目简要概况、评价意义和评价目的。

（六）概述

安全预评价的依据包括相关法律法规、标准、规范、技术规范、被评价对象所涉及的各类行业规定、标准、技术文件、安全预评价参考的其他资料等。被评价对象简介包括企业名称、法定代表人、注册地址、联系电话等信息。被评价对象概况包括项目选址、总图布置、水文地质条件、工业园区规划、生产设计内容、操作流程、设备设施、经济指标、技术指标、公用设施、人流物流等信息。

（七）生产工艺简介

生产工艺简介应包括被评价项目的主要工艺流程、生产工艺步骤、原材料、产出物质、材料物性参数、生产工艺条件、主要工艺设备、生产环境等信息。

（八）危险源辨识

危险源辨识应基于建设项目的工艺流程、物料流动及设备操作等方面，辨识出建设项目可能存在的危险源，包括物理危险源、化学危险源、生物危险源、安全管理危险源等。

（九）风险评估

对辨识出的危险源进行风险评估，包括评估可能的事故、事件对人员、环境、设备、财产造成的损害程度，确定事故频率和可能性，并评估可能采取的防范措施。

（十）安全管理评价

安全管理评价包括现有安全管理体系、安全规章制度、人员组织形式、安全培训教育状况、监督检查机制、应急预案、企业安全文化等内容。

（十一）安全对策

根据危险源辨识和风险评估的结果，提出相应的安全对策措施，包括设计安全、设备安全、操作安全、管理安全等措施。

（十二）结论与建议

根据对危险源的辨识、风险评估和安全对策的分析，给出安全预评价结论和建议。

（十三）附件

附件包括安全预评价过程涉及的图表文件、被评价项目存在的问题、改进建议、专家意见等。

（十四）附录

附录包括安全预评价过程相关影印材料、原始资料、数据、检验报告、计算过程等。

二、安全验收评价报告格式

安全验收评价是在国家安全生产法律法规及生产经营单位的要求下进行的，旨在对建设项目竣工后试运行阶段可能存在的有害因素及危害程度进行评估分析，并提出合理可行的风险控制对策措施及建议。安全验收评价报告格式如下。

（一）封面

封面包括委托单位名称、评价项目名称、报告名称（安全验收评价）、安全验收评价单位名称、安全评价资质证书编号、评价报告完成日期。

（二）资质证书影印件

资质证书影印件包括安全验收评价资质证书影印件。

（三）著录项

著录项包括委托单位名称、评价项目名称、报告名称（安全验收评价）、法定代表人、技术负责人、评价项目负责人、评价报告完成日期、评价机构章印、评价人员、技术专家等信息。

（四）目录

目录包括安全验收评价报告目录。

（五）编制说明

编制说明包括项目简要概况、评价意义和评价目的。

（六）概述

安全验收评价的依据包括相关法律法规、标准、规范、技术规范、被评价对象所涉及的各类行业规定、标准、技术文件、安全验收评价参考的其他资料等。被评价对象简介包括企业名称、法定代表人、注册地址、联系电话等信息。被评价对象概况包括项目选址、总图布置、水文地质条件、设备设施、经济指标、技术指标、公用设施等信息，以及评价过程中的数据收集、资料分析和现场检查等情况。

（七）生产工艺

生产工艺简介应包括被评价项目的主要工艺流程、生产工艺步骤、原材料、产出物质、材料物性参数、生产工艺条件、主要工艺设备、生产环境等信息。

（八）危险源辨识

危险源辨识应基于建设项目的工艺流程、物料流动及设备操作等方面，辨识出建设项目可能存在的危险源，包括物理危险源、化学危险源、生物危险源、安全管理危险源等。

（九）风险评估

对辨识出的危险源进行风险评估，包括评估可能的事故、事件对人员、环境、设备、财产造成的损害程度，确定事故频率和可能性，并评估可能采取的防范措施。

（十）安全管理评价

安全管理评价包括现有安全管理体系、安全规章制度、人员组织形式、安全培训教育状况、监督检查机制、应急预案、企业安全文化等内容。

（十一）总体布局及常规防护设施措施评价

总体布局及常规防护设施措施评价包括总平面布局、厂区道路安全、常规防护设施和措施的评估评价结果。总平面布局评价中，对建设项目的整体布局、生产流程、物流运输和人员流动进行评估以判断是否存在安全隐患和危险因素。在厂区道路安全评价中，评估厂区内的交通流量、车辆行驶路线、道路状况、交通设施、交通标志和交通信号等内容。在常规防护设施和措施评价中，需要评估建设单位是否采取了合适的安全防护设施和措施，是否进行了必要的应急演练和培训。

（十二）易燃易爆场所评价

在爆炸危险区域划分符合性检查方面,需要对建设项目的爆炸危险区域进行识别和划分,并评估划分的准确性和合理性。在可燃气体泄漏检测报警仪的布防安装检查方面,需要评估建设单位是否按照相关标准和规范进行了报警仪的布防安装。在防爆电气设备安装认可方面,需要评估建设单位是否按照相关标准和规范进行了防爆电气设备的安装和认可。在消防检查方面,需要评估建设单位是否取得了消防安全认可,评估消防设施的建设、消防器材的配备和消防人员的培训情况。

（十三）有害因素安全控制措施评价

对建设项目中存在的有害因素的安全控制措施进行评估,以确保这些措施足够安全可靠,能够有效地控制有害因素对工作人员的潜在危害。其主要内容包括防急性中毒措施、防窒息措施、防止爆炸措施、防止粉尘措施、高低温作业安全防护措施以及其他有害因素安全措施。

（十四）特种设备监督检验记录评价

对特种设备监督检验记录进行评估,以确定设备是否符合相关标准和规定,是否能够正常运行,以及是否存在任何潜在的安全隐患。其主要内容包括高压容器、倾倒风险设备、起重机械、反应釜、锅炉、压力机、机床、电焊机、电梯、机动车辆以及其他具备危险性的设备。评价结果必须明确指出哪些设备已经通过监督检验,哪些设备还需要进一步的检查修复。

（十五）强制检测设备设施情况检查

强制检测设备设施情况检查包括检查气泵、液泵、安全阀、压力表、可燃气体、有毒气体、爆炸气体相关报警仪以及其他强制检测设备设施的完好情况与运维情况。

（十六）电气安全评价

电气安全评价包括评价电闸、输电装置、变电站、配电站、防雷系统、漏电保护装置、防静电系统、防磁化系统以及其他电气设备的安全性与可靠性。

（十七）安全对策

根据危险源辨识和风险评估的结果,提出相应的安全对策措施,包括设计安全、设备安全、操作安全、管理安全等措施。

（十八）结论与建议

根据对危险源的辨识、风险评估和安全对策的分析,给出安全验收评价结论和建议。

（十九）附件

附件包括安全验收评价过程涉及的图表文件、被评价项目存在的问题、改进建议、专家意见等。

（二十）附录

附录包括安全验收评价过程相关影印材料、原始资料、数据、检验报告、计算过程等。

三、安全现状评价报告格式

安全现状评价是在国家安全生产法律法规及生产经营单位的要求下进行的,旨在对生产运行、维护阶段下的生产经营活动、设施设备维护现状、生产环境现状、储存运输现状、安全管理现状进行全面、综合的安全评价。安全现状评价报告格式如下。

（一）封面

封面包括委托单位名称、评价项目名称、报告名称（安全现状评价）、安全现状评价单位名称、安全评价资质证书编号、评价报告完成日期。

（二）资质证书影印件

资质证书彩印件包括安全现状评价资质证书影印件。

（三）著录项

著录项包括委托单位名称、评价项目名称、报告名称（安全现状评价）、法定代表人、技术负责人、评价项目负责人、评价报告完成日期、评价机构章印、评价人员、技术专家等信息。

（四）目录

目录包括安全现状评价报告目录。

（五）编制说明

编制说明包括项目简要概况、评价意义和评价目的。

（六）概述

安全现状评价的依据包括相关法律法规、标准、规范、技术规范、被评价对象所涉及的各类行业规定、标准、技术文件、安全现状评价参考的其他资料等。被评价对象简介包括企业名称、法定代表人、注册地址、联系电话等信息。被评价对象概况包括企业概况、水文地质条件、交通条件、生产工艺过程、生产环境、操作流程、设备设施、物料信息、公用设施、人流物流、危险物品储运方式等方面信息。

（七）危险有害因素辨识与分析

根据评价对象的特点和所处环境情况，利用各种可行的安全系统工程方法，识别和分析可能存在的危险有害因素。对生产过程中可能存在的危险因素或有害因素进行全面调查和收集，包括设备、物质、作业场所等方面的信息。对识别出的危险有害因素进行评估，确定其可能带来的危害程度和发生频率。根据评估结果制定相应的控制措施，以减少或消除危险有害因素的影响。

（八）评价方法

根据评价目的与评价对象特点选择合适的评价方法，开展定性化评价与定量化评价，明确重大危险源的分布情况与危害程度，为后续安全对策措施的制定提供理论依据。

（九）事故原因分析与重大事故模拟

针对重大事故进行原因分析，通过对历史事故案例研究，分析事故发生的主要原因和影响因素，并预测模拟重大事故发生概率。通过重大事故模拟，制定针对性的应急预案和重大危险源控制措施，提高事故与重大事故的响应能力。

（十）安全管理评价

安全管理评价包括现有安全管理体系、安全规章制度、人员组织形式、安全培训教育状况、监督检查机制、应急预案、企业安全文化等内容。

（十一）安全对策

根据危险源辨识和风险评估的结果,提出相应的安全对策措施,包括设计安全、设备安全、操作安全、管理安全等措施。

（十二）结论与建议

根据对危险源的辨识、风险评估和安全对策的分析,明确指出被评价项目安全状态,给出安全现状评价结论和建议。

（十三）附件

附件包括安全现状评价过程涉及的图表文件、被评价项目存在问题、改进建议、专家意见等。

（十四）附录

附录包括安全现状评价过程相关影印材料、原始资料、数据、检验报告、计算过程等。

思政教学启示

本节主要学习了安全预评价报告格式、安全验收评价报告格式和安全现状评价报告格式,掌握了安全评价报告的编制原则和格式要求。《周易·乾·文言》中有"终日乾乾,与时偕行",意思是一天到晚谨慎做事,自强不息,和日月一起运转,永不停止。安全评价报告的撰写编制过程也需要将这种精神一以贯之,为后续的安全管理工作打下坚实可靠的评价基础。

知识点总结

安全评价报告的基本概念,安全预评价、安全现状评价、安全验收评价的基本概念与主要内容,安全评价报告的编制原则和格式要求。

技能盘点

了解安全评价报告的基本概念与主要内容;了解安全预评价、安全现状评价、安全验收评价的主要内容;掌握安全评价报告的编制原则和格式要求,通过案例学习掌握安全评价报告的撰写要求。

思考与练习

1.简述安全评价报告的流程。

2.简述安全预评价、安全现状评价、安全验收评价的主要内容。

参考文献

[1] 蔡庄红,白航标. 安全评价技术[M]. 3版. 北京:化学工业出版社,2022.

[2] 金龙哲,宋存义. 安全科学技术[M]. 北京:北京科技大学出版社,2002.

[3] 张宝光. 发展中的石油化工安全评价[J]. 石油化工安全技术,2012(6):10-13.

[4] 周经伦,龚时雨,等. 系统安全性分析[M]. 长沙:中南大学出版社,2003.

[5] 王显政. 安全评价[M]. 3版. 北京:煤炭工业出版社,2005.

[6] 张乃禄. 安全评价技术[M]. 西安:西安电子科技大学出版社,2016.

[7] 周波,肖家平,骆大勇. 安全评价技术[M]. 徐州:中国矿业大学出版社,2018.

[8] 袁筠,田园,翟刚,等. 安全评价(上册)[M]. 北京:煤炭工业出版社,2005.

[9] 赵耀江. 安全评价理论与方法[M]. 2版. 北京:煤炭工业出版社,2015.

[10] 中华人民共和国国家质量监督检验检疫总局,中国国家标准化管理委员会. 风险管理 风险评估技术[S]. 北京:中国标准出版社,2011.

[11] 国家安全生产监督管理局. 安全评价(修订版)[M]. 北京:煤炭工业出版社,2004.

[12] 中国就业培训指导中心,中国安全生产协会. 安全评价常用法律法规[M]. 2版. 北京:中国劳动社会保障出版社,2014.

[13] 中国就业培训指导中心,中国安全生产协会. 安全评价师(基础知识)[M]. 2版. 北京:中国劳动社会保障出版社,2014.

[14] 中国就业培训指导中心,中国安全生产协会. 安全评价师(国家职业资格三级)[M]. 2版. 北京:中国劳动社会保障出版社,2010.

[15] 中国就业培训指导中心,中国安全生产协会. 安全评价师(国家职业资格二级)[M]. 2版. 北京:中国劳动社会保障出版社,2012.

[16] 中国就业培训指导中心,中国安全生产协会. 安全评价师(国家职业资格一级)[M]. 北京:中国劳动社会保障出版社,2010.

[17] Doorn Neelke, Hansson Sven Ove. Should probabilistic design replace safety factors? [J]. Philos. Technol,2011(24):151-168.

[18] 闫志国,郑明,赵世平,等. 符号有向图在化工安全评价中的应用进展[J]. 化工自动化及仪表,2012(6):1-6.

[19] 傅贵. 安全管理学——事故预防的行为控制方法[M]. 北京:科学出版社,2013.

[20] 中国安全生产科学研究院. 安全生产管理[M]. 北京:应急管理出版社,2022.

[21] 应急管理部消防救援局. 消防安全技术实务[M]. 北京:中国计划出版社,2021.

[22] 张铁男,李品蕾. 对多级模糊综合评价方法的应用研究[J]. 哈尔滨工程大学学报,2002,6(23):1-5.

[23] 张松林. 浅谈企业安全生产中的人因管理[J]. 青海科技,2004,11(2):54-56.

[24] 李建华. 化工场所灭火救援对策[J]. 辽宁化工,2009,38(3):191-194.

[25] 王洪德,石剑云,潘科. 安全管理与安全评价[M]. 北京:清华大学出版社,2010.

[26] 陈欣,郑智江,刘文龙,等. 基于AHP的地震信息系统安全评价方法研究[J]. 震灾防御技术,2022,17(3):599-605.

[27] 罗聪,徐克,刘潜,等. 安全风险分级管控相关概念辨析[J]. 中国安全科学学报,2019,29(10):43-50.

[28] 李婳,傅贵. 关于危险源含义的再分析[J]. 中国安全科学学报,2019,29(7):1-5.

[29] 黄锦林,杨光华,王盛. 堤防工程安全综合评价方法[J]. 南水北调与水利科技,2015,13(5):

1011-1015.

[30] 黄锦林,张婷,李嘉琳. 堤防工程防洪安全评价中的若干问题[J]. 中国农村水利水电,2015(4)：109-112.

[31] 王庆慧,刘鹏,王丹枫. 安全检查表对作业条件危险性分析方法修正的研究[J]. 中国安全生产科学技术,2013,9(8)：125-129.

[32] 陈全. 事故致因因素和危险源理论分析[J]. 中国安全科学学报,2009,19(10)：67-71.

[33] 王长申,孙亚军,杭远. 安全检查表法评价中小煤矿潜在突水危险性[J]. 采矿与安全工程学报,2009,26(3)：297-303.

[34] 姚有利,吴青银,毕强,等. 安全检查表分析法在矿井评价中的应用[J]. 煤矿安全,2004(12)：52-54.

[35] 刘明礼,李明,周大为. 安全评价中安全检查表的编制[J]. 石油与天然气化工,2003(5)：324-326.